和孩子们玩转中国文化

跟着二十四节气去旅行·春

孟 娜·著　都一乐·绘

九 州 出 版 社
JIUZHOUPRESS

旅行日历

2月3-5日

立春

乍暖还寒时，万物开始复苏

东北的二月虽然是飘雪的严冬，人们的热情却分外高涨，
因为春节到啦！
春春今天穿了一身中式红袄，
和邻居伙伴们在家门前放起了鞭炮，
在噼里啪啦的爆竹声中，大人小孩儿都又长了一岁。

旅行地图

第 1 站

立春

时间点 _____ 地点 _____ 温度 _____ 穿衣 _____

立春是二十四节气中的第一个节气，"立"是开始的意思，"立春"表示春天就要来了。此时气温渐渐回升，小动物们感知到了春天的气息，纷纷从冬眠中醒来，蠢蠢欲动。俗话说，"一年之计在于春"，我国农历新年通常就在立春前后，过完年，农民伯伯们就要开始忙碌了，修整田地，清理沟渠，为田地除草和施肥，为春耕做好充足的准备。

人们把立春节气的十五天分为三候，每一候是五天，分别是：一候东风解冻，二候蛰虫始振，三候鱼陟负冰。

立春 一候

东风解冻

立春一到，万物复苏，此时气温虽然还有点低，但是刮起的东风里已经有了一丝暖意，大地开始慢慢解冻了。

立春 二候

蛰虫始振

在二候的五天里，气温继续回升，那些蛰居了一整个冬天的小虫子，感知到了春天的气息，开始苏醒过来。

立春 三候

鱼陟负冰

到了三候，河里的冰渐渐融化，鱼儿们得到解放，兴奋地跑到水面上游来游去。温暖的春天触手可及啦！

立春

月
日

拿出笔，请你填上日期吧！

过年

大年三十是农历一年的最后一天，家家户户都团聚在一起过年。妈妈和奶奶在做年夜饭；爸爸刚点亮大红灯笼，又去放鞭炮；春春则躲在爷爷怀里看热闹。

爷爷告诉春春，今天是除夕，全家人要一起熬夜守岁；明天是农历新年正月初一，是我国最隆重的传统节日——春节，在这一天人们走亲访友，互送祝福，小孩子们个个穿新衣，给长辈拜年，还可以收压岁钱哦。

吃春饼

妈妈烙的春饼真薄啊！还能从中间分开，变成两张，这是怎么回事呢？

春春发现，原来是妈妈在两个面剂中间抹了油，这样合在一起擀成的春饼，就能一分为二啦！用春饼卷上摊鸡蛋、豆芽菜、葱丝、甜面酱等，美味极了！

妈妈说，立春吃春饼有喜迎春、盼丰收的意思。春春一听，吃得更起劲儿了。

我爱吃春饼。

打春牛

民间有立春"打春牛"的传统仪式，春春还以为要打真的牛呢！原来是用鞭子抽打泥塑的土牛，据说这是为了打掉牛的惰性，希望它们在春耕中能更加卖力地耕田。表达了人们对于来年庄稼丰收的期盼和祝福呢！

打春牛喽！

迎春花开

天气乍暖还寒，百花还在沉睡，迎春花却换上春衫，欣然绽放。一簇簇嫩黄的小喇叭，仿佛唱着温柔的歌，要把春风和大地唤醒，那楚楚动人的样子把春春完全迷住了，她想，这大概就是春姑娘的花裙子吧！

知识宝藏

● 下面五句古诗，描述的都是立春时节的景象。小朋友们，和我一起连一连吧！

☐ 春日春盘细生菜

☐ 土牛陌上摧花杖

☐ 近水游鱼逆冰出

☐ 开岁春寒便有花

☐ 爆竹声中辞旧岁

小朋友们，你们知道**春节**与"<u>鱼</u>"的不解之缘吗？因为"有鱼"和"有余"谐音，象征新年丰盛有余，所以对联上有鱼，年画上也有鱼。

● 下面我们就来制作一幅双鱼剪纸画吧！

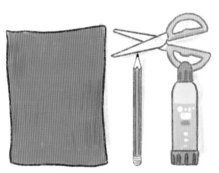

①准备材料：红色卡纸、剪刀、胶水、笔。

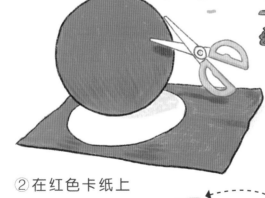

②在红色卡纸上剪下一个圆形。

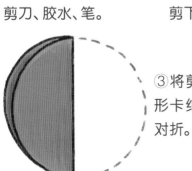

③将剪好的圆形卡纸沿中线对折。

④如图所示，在半圆上画一条鱼。

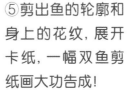

⑤剪出鱼的轮廓和身上的花纹，展开卡纸，一幅双鱼剪纸画大功告成！

9

旅行日历

2月18-20日

雨水

春雨贵如油

北海公园里好热闹呀！

憋了一整个冬天，是时候感受一下万物复苏的初春气息了。

瞧，春柳已长出嫩芽，几只小鸭子在快乐地戏水！

蒙蒙细雨落到脸上，仿佛春姑娘温柔地亲吻！

旅行地图

第 2 站

雨|水

时间点 _____ 地点 _____ 温度 _____ 穿衣 _____

雨水 是春季的第二个节气，这时天气回暖，大地解冻，山上的积雪开始慢慢融化，降水量增多。俗话说，"春雨贵如油"，淅淅沥沥的春雨是丰收的预兆，冬小麦、油菜在雨水的滋润下开始返青。在少雨的地方，要及时给田地浇水灌溉。此时虽然春回大地，但冷空气仍然在作最后的抗争，余寒未尽，所以还要做好作物防寒防冻工作。

人们把雨水节气的十五天分为三候，每一候是五天，分别是：一候獭祭鱼，二候鸿雁来，三候草木萌动 。

雨水 一候

獭祭鱼

此时冰雪消融，鱼儿出水，刚睡醒、饿得肚皮打鼓的水獭正好可以饱餐一顿。它们喜欢像举行祭拜仪式般把猎物摆在岸边慢慢享用。

雨水 二候

鸿雁来

进入二候的五天，我们常会看到从南方飞往北方的大雁群，大雁北归可以说是冬去春来的标志性景观啦！

雨水 三候

草木萌动

到了三候，大地在春雨的滋润下，不断向上蒸腾着阳气，草木因此开始抽出了嫩芽，大地开始呈现出春日的生机。

雨水

月　日

拿出笔，请你填上日期吧！

快来猜灯谜，是什么字呢？

（灯一字）加一

元宵节

在雨水节气前后，有一个代表真正过完了年的传统节日——农历正月十五元宵节。

这一天可热闹啦！白天扭秧歌、踩高跷、舞龙舞狮，喜气洋洋；晚上全家人一起吃汤圆，观赏新年的第一次圆月，还有看花灯、猜灯谜。

春春最喜欢猜灯谜了，她和爸爸一起制作的灯笼上就有一个有趣的灯谜呢！

春耕施肥

俗话说"春耕不肯忙，秋后脸饿黄"。刚过完年，农民伯伯们一刻也不敢耽误，开始忙起了春耕。春耕就是在播种前耕耘土地。

春春看到一车车农家肥被送到田里，听爸爸说，那是为了增加土壤养分，为作物提供一个好的生长环境。

14

预防倒春寒

　　早春的天气忽暖忽冷，常会发生倒春寒，正应了那句谚语——春天孩儿脸，一天变三变。因此这一时节有"春捂"的传统习惯。小朋友们不要忙着脱掉棉衣，头颈、双脚要重点捂好。这不春春就因为穿得少患上了感冒，那滋味可不好受哦！

春暖花开

　　淅淅沥沥的小雨下了一阵又一阵，雨后春光融融，春春拉着外公去田野玩。

　　田野里麦苗青青，小草探出了头，还有柳树发出嫩芽，杏树也悄然开花，南方的早春景象尽收眼底！

老寒腿，春天也要捂一捂！

15

知识宝藏

● 正月十五元宵佳节就要到啦，大街小巷张灯结彩，喜庆又热闹。小朋友们，我们也来制作一个元宵节的**灯笼**吧！

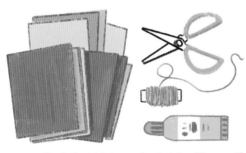

①准备材料：彩色卡纸、剪刀、胶水、红绳。

②先把多张彩色卡纸剪成大小相同的圆形。

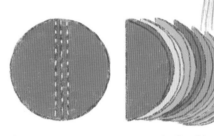

③再将每张圆形卡纸沿中线对折，中线两边分别折出1厘米左右的空距。

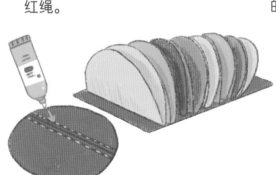

④如图所示在1厘米空距处涂上胶水，整齐地粘在一张红色卡纸中间位置。

⑤将红色卡纸卷起来，两端用胶水粘住，一个灯笼的形状就做出来了。

⑥接着，在灯笼的一端对称地扎一对小孔，穿上红绳。

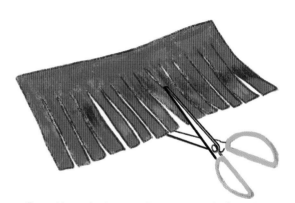

⑦再将一张卡纸按相等间距从底端剪开, 顶端不剪断, 做成流苏。

⑧最后将流苏粘在灯笼底端, 一个彩色灯笼就完成啦! 你还可以在上面写一些灯谜哦。

● 早春时节, 刚下完小雨, 春春想去逛公园, 她应该穿什么呢? 请你帮她选出合适的衣物吧!

T恤　　　帽子　围巾

短裙　　长裤

一双凉鞋　　　一双棉鞋　　　棉衣

17

旅行日历

3月5-6日

惊蛰

惊蛰至，雷声起

春雷阵阵，仿佛擂响了春耕春种的鼓，
一大早，农民伯伯们就在田里忙活了起来，
施肥、除草、犁地耙地、清理沟渠、播撒种子，忙而不乱，
虽然气温还不是很高，可是农民伯伯的额头上已经浸出了汗珠。

除草

，施 肥

时间点 _____ 地点 _____ 温度 _____ 穿衣 _____

惊蛰是春季的第三个节气，这一时节雨水增多，真正到了桃红柳绿、草长莺飞的春天。"惊蛰"这两个字的意思是，春雷乍响，还在冬眠或蛰伏的虫子被惊醒，钻出地面，开始了新一年的生活。当然，它们真正苏醒是因为气温升高，不用再蛰伏或冬眠了。而此时农田里春耕正忙，百虫的苏醒也造成各种病虫害增加，需及时防护。

人们把惊蛰节气的十五天分为三候，每一候是五天，分别是：一候桃始华，二候仓庚鸣，三候鹰化为鸠。

惊蛰 一候

桃始华

惊蛰一到，光秃秃的桃树上开始绽放出娇嫩的桃花，十分惹人喜爱；山桃花更是开得漫山遍野，仿佛春姑娘粉红色的纱衣。

惊蛰 二候

仓庚鸣

仓庚就是黄鹂，到了二候，黄鹂鸟最先感知到春天的阳气，开始欢快地唱起春歌，呼唤自己的伙伴。

惊蛰 三候

鹰化为鸠

到了三候，人们很少能看到鹰的踪影，倒是鸠叫得欢畅，古人便误以为鹰都变成了鸠，其实鹰正藏在某处孕育下一代呢！

惊蛰

月

日

拿出笔，请你填上日期吧！

我也来帮忙干农活吧！

春种

爷爷说，"春雷响，万物长"，农民伯伯施完肥，犁完地，紧接着就该播下作物的种子了。春春一听，拉着爷爷就要出门，春春也想在春天播下种子，到了秋天收获果实！

万物复苏

惊蛰时节，随着平地一声雷，人们便能真正感受到万物复苏的勃勃生机。

一场雷雨过后，春春惊喜地发现，外面已是鸟语花香。蛇虫鼠蚁也纷纷苏醒过来，四处寻找食物。

春天来了，沉睡了一个冬天的小动物们也要苏醒了。

二月二龙抬头

农历二月初二这天，爸爸带着春春去理发，结果每个理发店里都爆满。

原来，二月二是龙抬头的日子，所以有"剃龙头""交好运"的说法，人们都希望可以辞旧迎新交好运，新的一年顺顺利利。

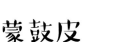

妈妈熬的梨汤可真好喝！

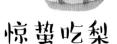

蒙鼓皮

打雷这件事，在古人看来是非常神奇的，他们想象着乌云之上有一位鸟嘴人身长着翅膀的雷神，一到惊蛰这天，雷神就挥舞着锤子擂响天鼓，发出隆隆响雷，所以人们也趁这天蒙鼓皮……

听完奶奶讲的惊蛰蒙鼓皮的故事，春春进入了梦乡，梦里还见到了雷神呢！

惊蛰吃梨

妈妈做的冰糖蒸梨太好吃啦！原本口干舌燥的春春吃完后，感觉喉咙特别舒服。

妈妈说，惊蛰时节气候比较干燥，多吃梨可以润肺止咳。也有人说"梨"和"离"同音，吃梨有离开疾病的意思。

23

知识宝藏

● 春天到了，小熊兄弟俩出去玩耍、觅食，不小心迷失了回家的路，你能帮帮他们吗？小朋友们注意哦，正确路线上全是这一时节常见的小动物。快找找看吧！

小熊的家

● 小朋友们，你们知道吗？桃树是先开花、后长叶哦！下面的桃树枝光秃秃的，让我们一起画上一些美丽的桃花吧！记得为桃花涂上颜色哦。

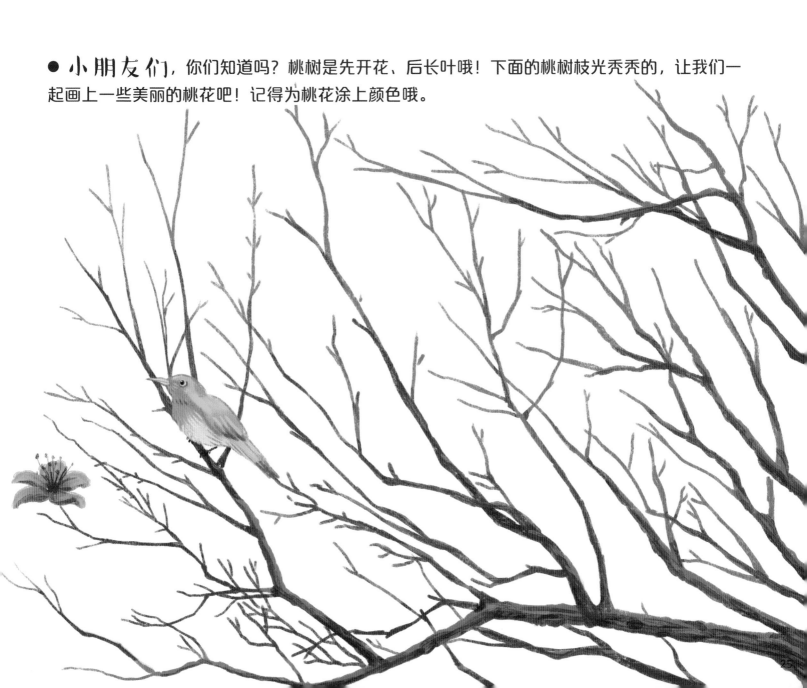

旅行日历

3月20-21日

春分

春分春分，昼夜平分

婺源的油菜花开得正盛，春春一家人专程来看。

金灿灿的油菜田，配上远处的白墙黑瓦，真是别有风味呢！

大人们有说有笑地拍照留念，

小朋友们追蜻蜓、蝴蝶，快乐得不得了。

时间点 _____ 地点 _____ 温度 _____ 穿衣 _____

春分是春季的第四个节气，这一天太阳直射地球赤道，全球的白天和黑夜等长。北半球是春分，南半球为秋分。我国地处北半球，为春分，过了春分，白天就一天比一天长了。春分时节，我国大部分越冬作物开始快速生长，田地里小麦拔节，菜园里油菜花香，农民伯伯们忙着浇水灌溉、施肥除虫，一刻不得闲。

人们把春分节气的十五天分为三候，每一候是五天，分别是：一候玄鸟至，二候雷乃发声，三候始电。

春分 一候

玄鸟至

到了春分，天气真的温暖起来了，在明媚的阳光下，燕子从南方飞回北方，北方的春天终于热闹起来了。

春分 二候

雷乃发声

进入二候，天空中隆隆的春雷开始频繁地响起来，似乎在催促着农民伯伯抓紧时间耕田种地呢！

春分 三候

始电

二候的时候雷公出尽了风头，到了三候，电母终于忍不住出手了，它常常抢在雷声之前划破天空，放射出一道道耀眼的闪电。

春分

月____日

拿出笔，请你填上日期吧！

百花争艳

一夜春雨过后，已是满园春色啦！桃花、梨花、樱花、海棠花……你不让我、我不让你地争奇斗艳，美丽的小蝴蝶这儿飞飞，那儿停停，似乎和春春一样看花了眼；小蜜蜂也嗡嗡地结伴飞来，好像在议论着："是谁先开了花呢？"就这样，春天真的来了。

吃春菜

村里好多人都去田野里挖春菜啦，春春也跟着奶奶去凑热闹。奶奶说，春菜炒出来后，汤是红色的，味道鲜美，还有清热降火、生津润燥的功效呢。

孩子们，这些都是春天开的花！

桃花　　梨花　　樱花　　海棠花　　木兰花　　油菜花

春分竖蛋

"春分到，蛋儿俏"，春春一边念叨一边仔细地挑选鸡蛋，春春要和小伙伴们一起玩竖蛋游戏啦！

游戏玩法很简单，先挑一个新鲜鸡蛋，新鲜鸡蛋重心低，可以像不倒翁一样保持平衡，立蛋时将重心低的大头朝下，谁能让鸡蛋稳稳地竖在桌子上，谁就是赢家。如今，春分竖蛋已经变成全世界都在玩的游戏了呢！

粘雀子嘴

春分有吃汤圆的习俗，尤其是农家人，他们还要另外包出一些没有馅儿的汤圆。当然啦，这不是给人吃的，而是给雀子准备的。

这不，春春已经跟着爷爷去田里了。爷爷说，把汤圆扦在细棍儿上，插在田边地坎，用来粘雀子嘴，免得它们来破坏庄稼。

看！我的蛋立起来了！

知识宝藏

● 夜空中，七颗星星连成一个勺子的形状，就是北斗七星。通过观察北斗七星勺柄所指的方向就能得知不同的季节哦！

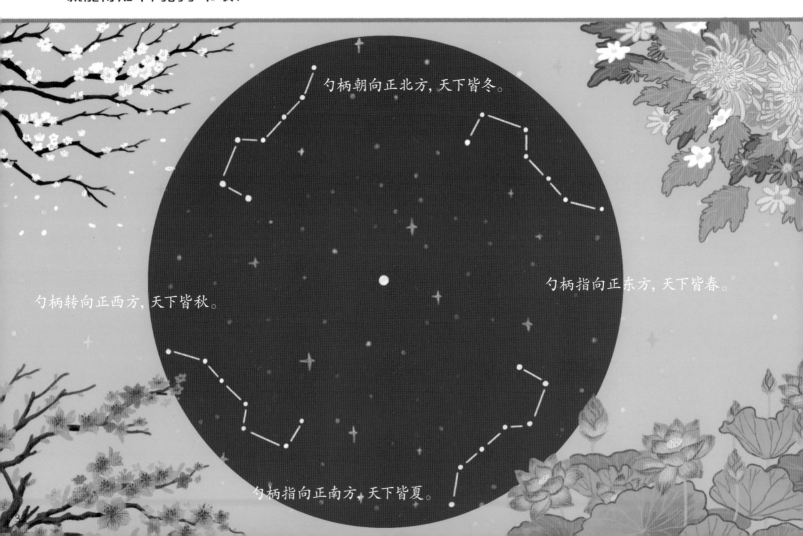

勺柄朝向正北方，天下皆冬。

勺柄指向正东方，天下皆春。

勺柄转向正西方，天下皆秋。

勺柄指向正南方，天下皆夏。

● 春春和好朋友豆豆在一些问题上产生了分歧，小朋友们，请你来判断一下她们谁说得对。

春春：燕子是益鸟，专吃蚊蝇等害虫。

豆豆：燕子是害鸟，专门破坏庄稼！

春春：打雷时可以在树下躲避。

豆豆：打雷时不能躲在树下，会被雷劈！

春春：这个我看着像桃花。

豆豆：开在小软花托上的是樱花，桃花直接开在花枝上。

旅行日历

4月4-6日

清明

清明冷，好年景

清明时节最适合出门踏青了，春春一家来到森林公园郊游。

公园里芳草茵茵、繁花似锦，蜜蜂蝴蝶在花间忙碌，

风筝在空中起舞……躺在柔软的草地上，

就好像躺在了春天的怀抱里，好舒服呀！

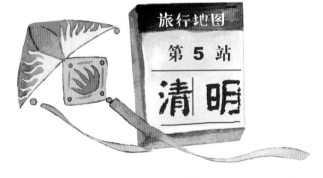

旅行地图

第 5 站

清明

时间点 _____ 地点 _____ 温度 _____ 穿衣 _____

清明是春季的第五个节气，它既是节气又是节日。作为节日，一般在 4 月 4 日、5 日或 6 日中的一天，这天是扫墓祭祖的日子，它和春节、端午节、中秋节合称为我国四大传统节日；作为节气，清明时节草木茂盛，百鸟啼鸣，惠风和畅，天朗气清，此时非常适合远足踏青哦！这一时节春耕仍在继续，农民伯伯们要做好春灌工作，防止春旱。

人们把清明节气的十五天分为三候，每一候是五天，分别是：一候桐始华，二候田鼠化为鴽，三候虹始见 。

清明 一候

桐始华

清明一到，阳气渐盛，一簇簇白色的桐花开始盛放。不过，桐花的花期很短，而当桐花如雪般凋落时，繁盛的春日风光也就即将远去了。

清明 二候

田鼠化为鴽

进入二候，天气渐热，喜爱阴凉的田鼠不得不躲回地洞里去了，而此时喜爱阳光的小鸟从洞里出来，古人便误以为田鼠变成了小鸟。

清明 三候

虹始见

到了三候，雨水增多，雨后的空气里有许多小水珠，阳光照射在小水珠上，会折射出美丽的七色彩虹。

清明

__月
__日

拿出小笔，请你填上日期吧！

清明节

清明节是我国最重要的祭祀节日之一，距今已有2500多年的历史了。清明节这天，春春一家人去扫墓祭祖，为先人的坟墓除杂草、添新土、供祭品，默默祈祷，寄托对先人的怀念。

寒食节

扫墓归来，爸爸给春春讲起了寒食节的故事。

相传，春秋时期晋国发生祸乱时，大臣介子推曾救过晋国公子重耳一命。后来重耳登上王位，想重用介子推，可不求名利的介子推已归隐深山，不愿做官。重耳便下令烧山想逼他出来，没想到介子推坚决不肯出山，最后被火烧死。

重耳十分悲痛，就把每年的这天定为寒食节，人们禁烟火、吃冷食，来表达对介子推的怀念。后来寒食节慢慢融入了清明节。

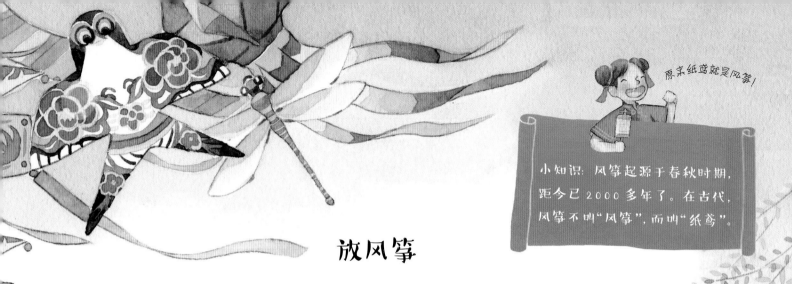

原来纸鸢就是风筝！

小知识：风筝起源于春秋时期，距今已 2000 多年了。在古代，风筝不叫"风筝"，而叫"纸鸢"。

放风筝

快看，"花蝴蝶""毛毛虫""蜈蚣""猴子"全都飞上天空了！别误会，说的是风筝啦！

清明时节春风和畅，正是放风筝的好时候。春春和爸爸自制的"金鱼"也加入了风筝王国的大派对，孩子们兴奋地拉着风筝跑，互相比谁放得高。

春游踏青

春春一家人来到郊外春游踏青。清新的空气、湛蓝的天空、青青的草地、鸣唱的鸟儿，还有扑鼻的花香，真让人陶醉啊！春春已分不清这香气是樱花的、梨花的、桃花的，还是丁香花的了。

各种各样的风筝！

知识宝藏

● 小朋友们，你们喜欢什么图案的风筝呢？快画在下面的空白风筝里，然后请爸爸妈妈和你一起动手制作出来吧！

把你最喜欢的图案画到风筝上吧！

● 诗歌欣赏

清明

【唐】杜牧

清明时节雨纷纷，
路上行人欲断魂。
借问酒家何处有？
牧童遥指杏花村。

41

谷雨前后，种瓜点豆

今天爷爷家种土豆，春春一家人全出动了！

先是爷爷在田里挖一道深坑，

然后妈妈将发了芽的土豆切成块放进坑内。

接着，春春和爸爸帮忙把土填上，一家人配合得十分默契。

等到土豆成熟，春春就可以吃到自己亲手种的土豆啦！

旅行地图
第 6 站
谷雨

时间点 ＿＿＿＿＿ 地点 ＿＿＿＿＿ 温度 ＿＿＿＿＿ 穿衣 ＿＿＿＿＿

谷雨是二十四节气中的第六个节气，也是春天的最后一个节气。谷雨，是"雨生百谷"的意思，这一时节气温攀升得很快，而且往往会迎来一年当中的第一场大雨，有春雨的滋润，万物新生，正是播种庄稼的好时候。这时柳絮飞落，樱桃红熟，牡丹、芍药争奇斗艳，而这些已经是暮春时节的景象了。

人们把谷雨节气的十五天分为三候，每一候是五天，分别是：一候萍始生，二候鸣鸠拂其羽，三候戴胜降于桑。

谷雨 一候

萍始生

谷雨的头五天里，由于雨水充足，气温升高，喜爱潮湿温热环境的浮萍开始在水中生长起来，为春日风光增添了别样的生机。

谷雨 二候

鸣鸠拂其羽

进入二候的五天，布谷鸟陆续"上班"了，它们盘旋在枝头，"布谷——布谷"地叫着，好像在提醒农民伯伯及时播种呢！

谷雨 三候

戴胜降于桑

到了三候，我们会在桑树的枝叶间看到一种仿佛戴着凤冠的鸟儿，它们叫戴胜鸟，专吃害虫。

欢迎到茶田采新茶！

谷雨茶

南方的山上，大片的春茶冒出了翠绿的新芽，春春学着茶农的样子，戴上斗笠，背上竹篓，和外公一起来到茶园采茶。

外公说，这叫谷雨茶，新摘的茶叶经过炒制很有营养，小孩子也可以喝。

农忙

俗话说，"谷雨前后，种瓜点豆"。春春看到，田野里，农民伯伯们正在大面积地播种春播作物呢！有种土豆、花生的，有种黄豆、玉米的，还有的正在给种下的棉花铺塑料膜的，铺塑料膜能让种子在温暖的"被窝"里快速发芽哦！

看！柳絮来了！

柳絮飞落

　　午睡醒来，春春透过窗子发现了不得了的事情——下雪啦！跑出去一看，原来是一团团小毛球在漫天飞舞。

　　听哥哥姐姐们说，这叫柳絮，是柳树结的种子，上面有白色绒毛，风一吹就像雪花一样飘散。

　　"阿嚏！"毛茸茸的柳絮搔弄得春春鼻头直发痒，小朋友们出门最好戴上口罩哦！

赏牡丹

　　四月份是"谷雨花"牡丹盛开的时节，听说"洛阳牡丹甲天下"，春春一家人便专门来观赏。

　　此时的洛阳城简直是花的海洋啊！一朵朵牡丹花又大又香，五彩缤纷，不愧是"国色天香"的"花中之王"，春春的小下巴惊讶地都快合不上了。

好大好美的牡丹花啊！

知识宝藏

● 晚春时节，樱花、桃花、丁香花纷纷开始凋落，让我们收集一些凋落的花瓣和树叶，用它们创作一幅植物粘贴画吧！

● 小朋友，请你仔细观察下列各图，想一想哪两种事物相关联呢？把它们 连起来 吧!

春天的旅行结束了，

花朵继续绽放，

我们将迎来一个热热闹闹的夏天！

图书在版编目（CIP）数据

跟着二十四节气去旅行．春／孟娜著；都一乐绘
．--北京：九州出版社，2021.5（2024.7重印）
（和孩子们玩转中国文化）
ISBN 978-7-5108-8175-6

Ⅰ．①跟… Ⅱ．①孟… ②都… Ⅲ．①二十四节气—
儿童读物 Ⅳ．① P462-49

中国版本图书馆 CIP 数据核字（2019）第 128519 号

和孩子们玩转中国文化

作　　者	孟娜 著 都一乐等 绘
出版发行	九州出版社
责任编辑	陈春玲
地　　址	北京市西城区阜外大街甲 35 号（100037）
发行电话	（010）68992190/3/5/6
网　　址	www.jiuzhoupress.com
印　　刷	固安兰星球彩色印刷有限公司
开　　本	787 毫米 ×1092 毫米 16 开
印　　张	13
字　　数	256 千字
版　　次	2021 年 5 月第 1 版
印　　次	2024 年 7 月第 6 次印刷
书　　号	ISBN 978-7-5108-8175-6
定　　价	138.00 元（全四册）

和孩子们玩转中国文化

跟着二十四节气去旅行·夏

孟娜·著 孙强·绘

九州出版社
JIUZHOUPRESS

旅行日历

5月5-6日

立 夏

多插立夏秧，谷子收满仓

立夏刚过，杭州的梅子就渐渐成熟了。
西湖边的茶馆里，爸爸一边喝茶一边欣赏着窗外翠绿的芭蕉，
而夏夏和妹妹显然对桌上的杨梅更感兴趣。咬上一口，
嗬！那股子酸劲儿，酸得俩孩子直咧嘴！
看来还是得挑最红的吃。

时间点 _____ 地点 _____ 温度 _____ 穿衣 _____

立夏是夏季的第一个节气，表示我们要告别春天，即将迎来炎热的夏天。此时昼长夜短，中午可以小睡一觉补充精力。立夏以后，雷雨天气增多，植物生长茂盛，农作物也进入疯狂生长期，到处绿意莹莹。同样疯长的还有田间的杂草，及时锄草可保证作物的苗壮成长。我国南方地区进入雨季，要预防连绵的阴雨导致作物的湿害。

人们把立夏节气的十五天分为三候，每一候是五天，分别是：一候蝼蝈鸣，二候蚯蚓出，三候王瓜生 。

立夏 一候

蝼蝈鸣
蝼蝈是一种生活在地底下的害虫，立夏一到，它们开始大量繁殖，并常常从土里探出头来鸣叫。也有种说法认为蝼蝈鸣指的是蛙声。

立夏 二候

蚯蚓出
进入二候，气温升高，雨水也增多了，蚯蚓们在潮湿的泥土里有些发闷，所以它们时不时地就要爬出地面来透透气。

立夏 三候

王瓜生
此时的气温环境，非常有利于王瓜蔓藤的生长。注意，王瓜可不是瓜哦！它是一种红色的椭圆形小果子，可供药用。

早稻插秧

俗话说，"多插立夏秧，谷子收满仓"。这一时节，农民伯伯们都在忙着播种早稻。夏夏也学着大人的样子，弓着腰在田边插起秧来，结果没一会儿就腰酸背痛的了。"种田真辛苦啊！以后再也不浪费粮食了。"夏夏想。

原来水稻是这样种的呀！

出来帮忙。

月季花开

雨后的清晨，夏夏惊喜地发现，爷爷家小院里种的月季花全都开了！有白的、粉的、黄的、红的……层叠的花瓣间还藏着晶莹的雨珠，阳光一照，一闪一闪的，夏夏都看呆了！

爷爷说，月季花花色多、花香浓、花期长，有"花中皇后"的美称。

立夏斗蛋

　　立夏斗蛋，是一个属于孩子们的传统游戏。斗蛋时，两人各拿一枚煮熟的鸡蛋，用蛋头撞蛋头，蛋尾击蛋尾，谁的鸡蛋没破，谁就是胜者，而最后没破的那枚鸡蛋，就是"蛋大王"。

　　夏夏和小伙伴们你斗我，我斗他，轮番比拼，肆意地笑着、叫着，玩了整整一个下午！

水果尝鲜

　　初夏，各种新鲜的水果上市啦！樱桃、青梅、杨梅、枇杷、桑葚……个个饱满圆润，香味扑鼻，馋得夏夏恨不得全都买回去尝尝鲜！进入初夏，天气渐热，多吃水果既可以消暑，又能为身体补充水分和养分哦！

都是我爱吃的水果呢！

知识宝藏

● 小朋友们，你们知道下面哪件事不是立夏时节发生的吗？

○ 蚯蚓从泥土中往地面钻　　○ 农民割稻子　　○ 青蛙跳起来吃害虫

○ 月季花开　　○ 梧桐叶落

● 夏天到了，家家户户的桌子上都摆出了各式各样的新鲜水果。认识一下这些水果，然后动手做一个好看的**水果拼盘**吧！

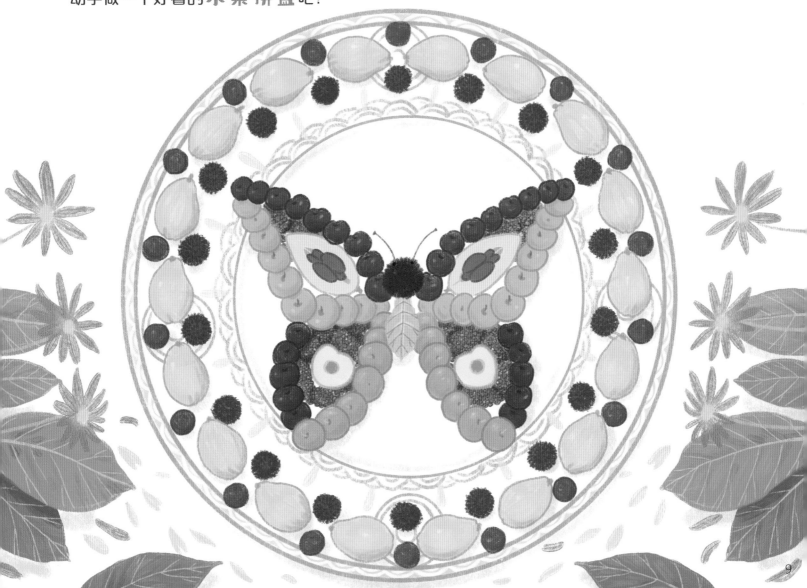

小满小满，麦粒渐满

门口的老槐树开花啦！
调皮的小孩儿使劲儿摇晃它，
嫩白色的花瓣纷纷扬扬地落下，
清淡的香味飘满大街小巷。
大人们拿着长长的叉子，连枝带花钩下来，
孩子们争着抢着吃里面最嫩、最甜的花蕊，
这是属于初夏的味道。

时间点 _____ 地点 _____ 温度 _____ 穿衣 _____

　　小满是夏季的第二个节气，它和下一个节气芒种，都是最适合农作物生长的时节。俗话说，"小满小满，麦粒渐满"，此时北方的麦子等夏熟作物籽粒饱满，接近成熟，但还没有完全成熟，所以称为小满。这时候要预防干热风和虫害对作物的侵袭，需抓紧为麦田灌溉浇水。这一时节，蜻蜓荷间起舞，春蚕吐丝结茧，许多动物也进入生长繁育期。

人们把小满节气的十五天分为三候，每一候是五天，分别是：一候苦菜秀，二候靡草死，三候麦秋至。

小满 一候

苦菜秀

小满一到，喜欢温热环境的苦菜开始枝繁叶茂起来。此时农作物还不到收割的时候，所以过去的穷人此时就靠苦菜充饥。

小满 二候

靡草死

天气渐热，苦菜猛长，可喜欢阴凉环境的靡草，日子却很不好过。它们被太阳一晒，变得无精打采，最后甚至干枯至死。

小满 三候

麦秋至

到了三候，小麦进入了成熟期，它们个个麦芒尖尖，籽粒饱满，挺直了胸脯等着农民伯伯来收割呢！

小麦渐熟

小满时节，夏夏隔三差五就跟着外公去看麦田。经过雨露的滋养，小麦的籽粒开始灌浆饱满，从一开始的绿油油，慢慢变成青黄交加，现在已经是密密匝匝一片金黄了！风吹麦浪，飘来阵阵麦香，外公说这是收获的前奏！

吃苦菜

中午，妈妈从菜园里挖了些苦菜，用热水烫熟，做成了一道凉菜。妈妈说夏天多吃苦菜，可以清火解暑，解乏消疲。疯玩疯闹的夏夏听了，赶紧大口大口地吃起来。

看呀！

金黄的麦田！

蚕宝宝吐丝结茧

这一时节，桑叶长得肥大茂盛，蚕宝宝们吃得胖嘟嘟的成为熟蚕，然后就要开始吐丝结茧了。

夏夏第一次见到蚕宝宝吐出丝、结成茧的过程，眼睛都舍不得眨一下呢！

奶奶说，蚕丝是重要的纺织原料，柔软光滑的丝绸就是用蚕丝制作出来的。

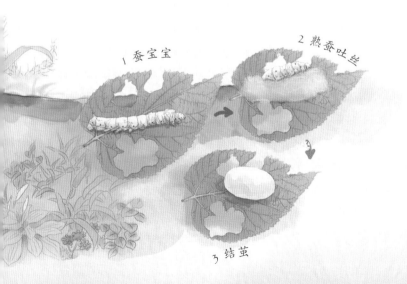

1 蚕宝宝

2 熟蚕吐丝

3 结茧

樱桃采摘乐

夏夏一家人来到樱桃采摘园，只见红嫩嫩的樱桃已经挂满了枝头，大人们爬上梯子去采摘，小孩子们拎着小桶在树下焦急地等待。

夏夏蹦起来摘到了垂下来的一株樱桃，挑选个大肉厚的喂给妹妹吃，酸酸甜甜的味道妹妹非常喜欢。

樱桃又甜又好吃！

15

知识宝藏

● 小朋友们，你们知道吗？蚕的寿命只有 50 天左右哦！我们一起来看看它的一生经历了哪些阶段吧！

○ **第一阶段**
一只雌蛾可产下约四五百粒蚕卵，这些蚕卵看上去就像细小的芝麻，蚕卵不断摄取营养，逐渐发育成蚁蚕，从卵壳中爬出来。

○ **第二阶段**
蚁蚕不断吃桑叶身体变成白色，经历四次蜕皮成为五龄幼虫。五龄幼虫再吃桑叶 8 天成为熟蚕，开始吐丝结茧。

走，一起了解下我吧！

○ **第四阶段**
经过大约 12~15 天，当蛹体变软、蛹皮起皱时，蚕蛹将变成貌如蝴蝶的蚕蛾。蚕蛾的使命就是繁育后代，大概三四天后就会死去。

○ **第三阶段**
五龄幼虫需要两天两夜的时间结成一个茧，并在茧中最后一次蜕皮，四五天后变成蛹。

● 诗歌欣赏

五绝·小满

【宋】欧阳修

夜莺啼绿柳，

皓月醒长空。

最爱垄头麦，

迎风笑落红。

17

旅行日历

6月5-7日

芒种

芒种地里无青苗

芒种时节，麦子彻底熟透了，
饱满的麦穗齐刷刷地挺着将军肚，
等待着被收割，
金色的麦田里一派火热的农忙景象！
农民伯伯们忙得连饭都顾不上回家吃，
孩子们则担起了送饭的重任。

时间点 _____ 地点 _____ 温度 _____ 穿衣 _____

芒种是夏季的第三个节气，"芒"是指小麦这样的有芒作物熟透，该收割了；"种"是指谷黍类作物到了播种的关键时期。此时我国长江流域"栽秧割麦两头忙"，而华北地区"收麦种豆不让晌"，农民们迎来了一年当中最忙碌的时节。长江中下游地区先后进入梅雨季节，潮湿、闷热的天气里，蚊虫开始滋生，容易传染疾病，需多加防范。

人们把芒种节气的十五天分为三候，每一候是五天，分别是：一候螳螂生，二候鹏始鸣，三候反舌无声。

 一候

螳螂生
芒种时节，气温上升，雌螳螂在上一年深秋时节产下的卵，因感知到阴气初现而开始孵化，小螳螂破壳而生。

芒种 二候

鹏始鸣
这里的"鹏"是指伯劳鸟，伯劳鸟天性喜阴，进入二候，它们也因感知到阴气初现而跳上枝头鸣叫起来。

芒种 三候

反舌无声
反舌鸟，是一种擅长学习其他鸟叫的鸟，到了三候，敏感的它们却因感知到阴气而停止了鸣叫。

芒种

___月
___日

拿出笔，请你填上日期吧!

端午节

粽子真好吃!

端午节是我国汉族四大传统节日之一，有吃粽子、赛龙舟、喝雄黄酒、挂艾叶等民俗活动。夏夏一边吃粽子，一边听外婆讲端午节来历的故事。

相传在两千多年前，楚国的爱国人士屈原遭到奸人陷害，被昏庸的君主流放，眼看国家走向灭亡，屈原心痛不已，在农历五月初五这天投汨罗江而死。

当地的百姓们得知后，划着船捞救，后来渐渐发展成了赛龙舟；百姓们又怕江里的鱼吃屈原的身体，便往江里扔米团，这米团就是粽子。为了纪念屈原，人们把这一天定为端午节。

学包粽子。

夏日的水果篮子

农忙之余，一家人一起品尝新鲜味美的水果，享受难得的轻松时刻。

外公外婆怕酸，把青梅煮熟了吃；大姨和妈妈专挑紫红的桑葚吃；而夏夏跟爸爸最爱甘甜多汁的西瓜！

夏日农田大作战

夏日的农田里真是忙翻了天！夏收、夏种忙得农民伯伯腰都直不起来了。

夏收：看见农民伯伯们火急火燎地抢收小麦，夏夏不明白，为什么"收麦如救火"？外公告诉他，现在雨水多，要是小麦被雨浇，就该发霉打不出粮食了。

夏种：不等小麦收完，栽秧种豆也耽搁不得了。夏夏戴上草帽来到田间，在日头底下乱忙了一阵，就又热又累，农忙真是辛苦啊！

夏收、夏种作物表			
夏收作物	麦子	蚕豆	豌豆	油菜
夏种作物	水稻	大豆	花生	玉米

嘿呦！

嘿呦！　嘿呦！　嘿呦！

知识宝藏

● 端午节到了，甜甜糯糯的粽子被摆上了餐桌。小朋友们，你们会包粽子吗？让我们一起学一学吧！

①取一片用水浸泡过的粽叶。

②按图中所示，将粽叶围成一个锥形。

③往锥形粽叶内填满糯米，再放几颗红枣。

④将多出的粽叶向下折，围绕粽体包裹好。

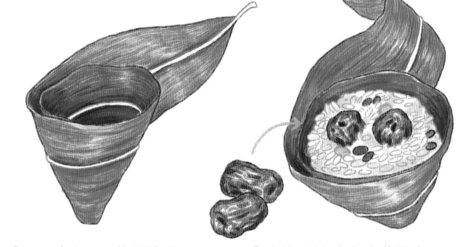

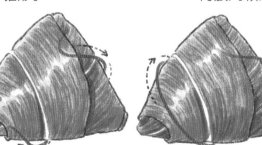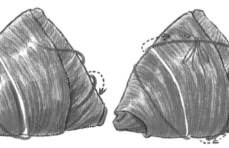

⑤最后用细绳将粽子捆绑起来，一个粽子就包好了。

24

● 芒种时节，农田里都在忙着收割小麦，你知道 小麦 加工后可以制作成什么吗？请在下图中找出错误的那个。

○ 馒头

○ 米饭

○ 面条

○ 面包

○ 啤酒

夏至雨点值千金

夏至这天，夏夏一家人一起来到颐和园泛舟赏荷，

层层叠叠、高低错落的荷叶间，

有几只鸭子船悠闲地漂浮着，

娇嫩的荷花粉里透白，随风而动，

像婀娜的仙女翩翩起舞！

夏夏伸手去碰，花没碰着，

倒惹得湖面荡起阵阵涟漪……

时间点 _____ 地点 _____ 温度 _____ 穿衣 _____

　　夏至是夏季的第四个节气，是全年中白天最长、夜晚最短的一天，标志着炎热天气正式开始。这一时节，全国各地雨量大增，要注意防洪防汛。江淮一带进入梅雨季节，农作物生长旺盛，要加强田间管理，因为梅雨天气也是病虫杂草滋生蔓延的有利环境。高原牧区此时也到了草肥畜旺的黄金时节。

人们把夏至节气的十五天分为三候，每一候是五天，分别是：一候鹿角解，二候蝉始鸣，三候半夏生。

夏至 一候

鹿角解

夏至日一过，白天渐短，夜晚渐长，此时阴气显现，而阳气渐渐衰退。属于阳性的鹿感知到这种变化，它们的角开始脱落。

夏至 二候

蝉始鸣

生于阳气旺盛之时的蝉，也就是我们俗称的知了，到了夏至二候，因为感知到阴气渐盛而开始叫个不停。

夏至 三候

半夏生

半夏，是一种喜阴的草药，通常在夏天过了一半的时候，生长在沼泽地或水田之中，因此而得名。此时它们开始生长起来。

夏至

月

日

昼长夜短

听爸爸说，夏至这天，太阳直射北回归线，是北半球一年中白天最长的一天。夏夏超兴奋，这下能玩更长的时间啦！

在我国最北边的城市黑龙江漠河，白天长达17个多小时，黑夜才6个多小时！不过，夏至日一过去，白天就渐短，黑夜渐长了。

立竿不见影

夏至日早上，爸爸在地上插了根木杆，到了正午，夏夏发现木杆的影子缩得只剩短短一截啦！果然是"立竿不见影"。

爸爸说，夏至日正午时的影子是一年中最短的，夏夏记录好影长，等到明天中午再测量一次。

夏至吃荔枝

夏至是吃荔枝的好时节，剥皮这事儿，夏夏相当拿手，一盘红艳艳的荔枝，没一会儿工夫就全变成珍珠般的果肉啦！一家人都有份哦。一口咬下去，汁水溢满嘴中，甜滋滋的味道一直沁进心底……

白天真长，终于可以尽情地玩了！

吃了夏至面，
一天短一线。

梅雨季节

　　最近天天下雨，夏夏的衣服总是潮潮的，有的玩具甚至要发霉了。爷爷告诉他，每年的六七月份，南方都是这样连绵的阴雨天气，因为此时正赶上梅子的成熟期，所以称作梅雨季节。虽然不大方便，不过五颜六色的小伞，倒是为夏日增添了一道风采。

吃夏至面

　　俗话说"冬至饺子夏至面"，这不，妈妈做的冷水面出锅啦，一家人吸溜吸溜吃得真过瘾！冷水面降火开胃，增加食欲。妈妈说，这顿面条可有营养了，因为用的是新收小麦磨出来的新鲜面粉哦！

夏天的雨说来就来！

好清凉！

知识宝藏

● 夏天，美丽的**凤仙花**开了，凤仙花也叫指甲花，可以用来染指甲哦！爱美的小朋友们，快来试一试吧！

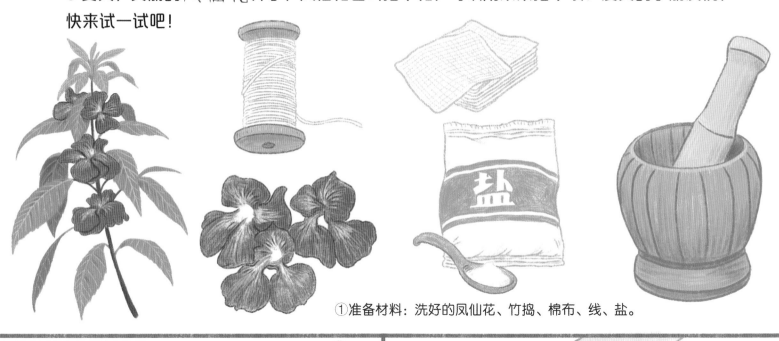

①准备材料：洗好的凤仙花、竹捣、棉布、线、盐。

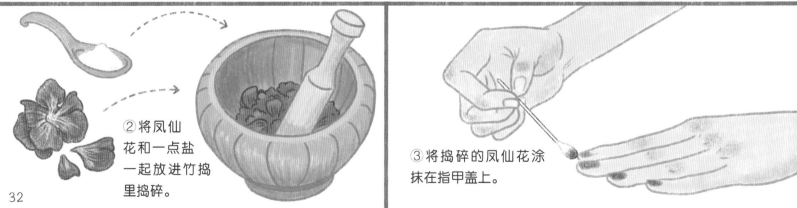

②将凤仙花和一点盐一起放进竹捣里捣碎。

③将捣碎的凤仙花涂抹在指甲盖上。

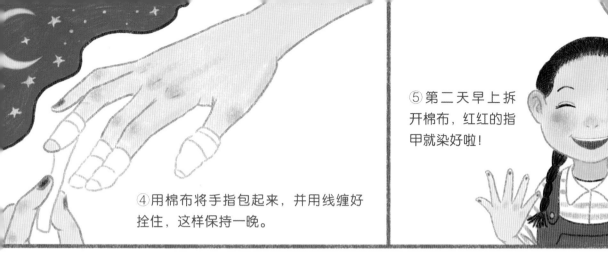

④用棉布将手指包起来，并用线缠好拴住，这样保持一晚。

⑤第二天早上拆开棉布，红红的指甲就染好啦！

● 夏天，五颜六色的新鲜水果纷纷上市，下面这些水果你都认识吗？请将水果与对应名称连线。

○ 樱桃　　　○ 荔枝　　　○ 杏子　　　○ 西瓜　　　○ 桃子　　　○ 李子

旅行日历

7月6-8日

小暑

小暑过，一日热三分

绿油油的西瓜田里，夏夏和小伙伴在挑西瓜，
好不容易摘到一个大个儿的，却谁也抱不动。两个孩子决定一起搬，
刚抬到水边洗干净，就听"嘣"的一声，西瓜裂开了一道缝！
瓜农伯伯说，熟透的西瓜皮薄肉厚，吃起来沙沙的，沁心凉甜。

旅行地图

第11站

小暑

时间点 _____ 地点 _____ 温度 _____ 穿衣 _____

　　小暑是夏季的第五个节气，"暑"是炎热的意思，"小"是指热的程度，"小暑"表示一年里最热的时候开始了，但还不是最热。小暑时节，南方的梅雨期就快结束了，全国大部分地区即将进入一年里最热的"三伏天"。此时农作物进入苗壮成长的阶段，田间管理不可松懈，南方地区需注意抗旱，北方地区需注意防涝。

人们把小暑节气的十五天分为三候，每一候是五天，分别是：一候温风至，二候蟋蟀居宇，三候鹰始鸷。

小暑 一候

温风至

小暑一到，气温升高，哪里还有凉风可寻？热浪一波接一波地吹来，炎热的盛夏也就开始了。

小暑 二候

蟋蟀居宇

进入二候，蟋蟀终于耐不住这样的高温天气，离开了它最爱的田野，把家搬到了阴凉潮湿的角落里，避避暑气。

小暑 三候

鹰始鸷

到了三候，地面上已是热气逼人，就连平日里凶猛霸气的老鹰都对地面忌惮三分，好在它们有先天优势，可以在略微清凉的高空盘旋。

小暑

_____ 月

_____ 日

拿出笔，请你填上日期吧!

★ 瓜皮光滑，纹路清晰 √
瓜皮发涩，纹路模糊 ×

★ "咚、咚"声音清脆 √
"嗒、嗒"声音沉闷 ×

挑西瓜妙招

要说夏日消暑吃什么最爽快，西瓜绝对是首选! 但是怎么判断瓜的生熟好坏呢? 这可把夏夏难住了，下面我们一起学学挑西瓜的妙招吧!

★ 瓜蒂枯萎、变细 √
瓜蒂又绿又粗 ×

苦夏

最近天气越来越热，夏夏常常没什么胃口，还很容易疲惫，夏夏是生病了吗? 妈妈说，这叫"苦夏"，苦夏不是病，多吃些解暑开胃的瓜果就可以安然度过啦。

没有食欲，不想吃!

进入三伏天

三伏天大约在阳历的七月上旬到八月中下旬间，分为初伏、中伏和末伏。小暑正是进入初伏的时节，很多人都会"苦夏"。不过，有"头伏饺子二伏面"的说法，妈妈做好了饺子，夏夏却没食欲，勉强塞进嘴里一个，没想到味蕾大开! 真解馋呀!

来！
比一比！

放暑假

在暑气逼人的七八月份，有孩子们最期待的暑假。有的小朋友会利用假期的时间离开城市，回到农村的爷爷奶奶家；有的则和小伙伴一起参加夏令营活动，感受大自然；而夏夏一家则去了海边，玩水、堆沙子、抓螃蟹，有趣极了！

斗蛐蛐

夏天的晚上，蟋蟀在草丛里唱个不停。听外公说，蟋蟀俗称蛐蛐，它们特别好斗。于是顽皮的夏夏和表哥表妹每人捉了一只，放进罐子里，用蛐蛐草逗弄。蛐蛐战斗的热情感染得孩子们又是叫、又是笑，真是个有趣的夜晚啊！

抓小螃蟹！

海边泡水最凉快！

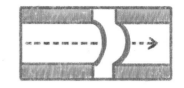

知识宝藏

● 小兔子在一个奇怪的地带迷路了，你能把它安全地带出去吗？一定要小心哦！走错了路可能会遇到恶劣天气。

● 炎热的天气里，孩子们常常吃冰棍来消暑。下面我们就一起来动动手，亲自制作好吃的西瓜冰棍吧！

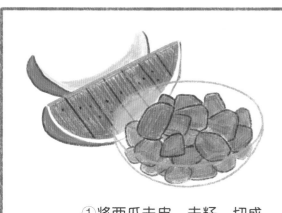

①将西瓜去皮、去籽，切成小块儿。

②将西瓜块儿放入榨汁机中榨成汁。

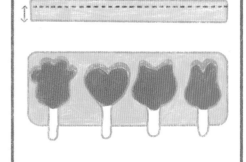

③将西瓜汁过滤，倒入冰棍模具中，七分满。

④插入木棍，将模具放入冰箱冷冻至凝固。

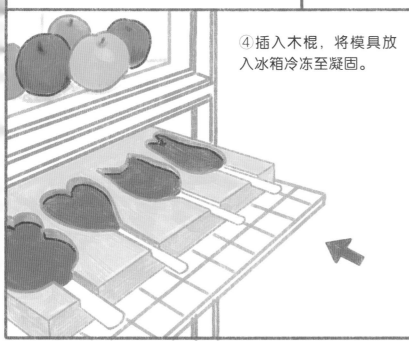

⑤将冰棍从模具中取出，就可以吃啦！

旅行日历

7月22-24日

大|暑

大暑到，暑气冒

夏夜水边的农田，萤火虫漫天飞舞，好像繁星落到了人间。

孩子们追在萤火虫后面上蹿下跳，好不快活！

只要两只手轻轻一合，萤火虫就被捂在了手心里。

很快，玻璃瓶里就装满亮闪闪的"小灯笼"啦！

旅行地图

第12站

大暑

时间点 _____ 地点 _____ 温度 _____ 穿衣 _____

大暑是夏季的最后一个节气，此时进入三伏天的"中伏"前后，是一年中最热的时候，就像一个大火炉。大暑时节，喜热作物长势最旺，但旱、涝、台风等气象灾害也最频繁，抗旱、排涝等田间管理工作十分重要。俗话说，"大暑不割禾，一天少一箩"，尽管太阳毒辣，农民伯伯们仍然要不辞辛苦地将成熟的早稻收回去。

人们把大暑节气的十五天分为三候，每一候是五天，分别是：一候腐草为萤，二候土润溽暑，三候大雨时行。

大暑 一候

腐草为萤

大暑时节，萤火虫陆续卵化而出。由于陆栖萤火虫的卵是产在枯草上的，所以古人便误以为萤火虫是腐草变的。

大暑 二候

土润溽暑

到了二候，天气更加闷热难耐了，整个大地像个蒸笼，潮热的天气里，土壤也很潮湿，是农作物生长的好环境。

大暑 三候

大雨时行

进入三候，空气湿度增大，雷雨天气横行，经常是"东边日出西边雨"，天气很不稳定，不过雨后倒是少了一些闷热感。

大暑
月
日

拿出笔，请你填上日期吧!

玩水消暑

　　炎炎夏日，到海边玩水是个消暑的好法子。夏夏迫不及待地穿上泳衣，戴上泳镜，套上泳圈，跑进了水里，很快就和大朋友、小朋友打起了水仗，太"嗨皮"啦!晚上退潮后，沙滩上沟沟洼洼的地方有小螃蟹钻出来，夏夏抓得又快又多呢!

真凉快!

预防中暑

　　天气实在太闷热了，如果要出门，记得涂防晒霜，带遮阳伞和扇子哦!不要嫌麻烦，晒黑是小事，中暑可就麻烦啦!夏夏更乐意待在家里吹吹空调，吃吃水果，喝喝绿豆汤，好不自在。

爷爷，这是什么?

冬病夏治

　　爷爷的关节炎是老毛病了，夏天的时候不疼，一到冬天就加重。见到爷爷贴敷膏药，夏夏很疑惑，冬天才会犯的病，为什么在夏天贴膏药呢?爷爷告诉他，这叫"冬病夏治"，是我国传统的中医疗法，效果很好。

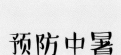

玩水枪!

抓螃蟹!

玩沙堆!

捞贝壳!

46

吱呀——吱

吱呀——吱

吱呀——吱

雨后彩虹

夏天是个变化莫测的季节，刚刚还是晴空万里，转眼就乌云滚滚，伴着轰隆隆的雷声，一场暴雨倾盆而下！雨过天晴后，天空中出现了一道七色彩虹，夏夏眼都不眨一下地数着——红、橙、黄、绿、青、蓝、紫，真的是七种颜色呢！

彩虹形成过程：首先我们要知道，太阳光是由红、橙、黄、绿、青、蓝、紫这七种颜色的光组成。而雨后的空气中悬浮着许多小水珠，它们在太阳光的照射下，产生折射及反射，就形成了七色的彩虹。

蝉虫野趣

"吱呀——吱——"天气越热，蝉叫得越欢，声浪忽高忽低，忽断忽续，仿佛在按曲谱大合唱；细听，还有喜鹊叽叽喳喳地伴奏；接着，"鼓手"青蛙也"呱呱呱"地加入，多么震撼的田园交响曲啊！夏夏坐在树荫下支着耳朵听入了神。

听！

夏日音乐会！

47

知识宝藏

● 有人说，蝉的寿命只有三天。这是错误的说法。其实，蝉的寿命可长了，只不过大多数时间都潜伏在地底下。蝉的一生究竟是怎样度过的呢？

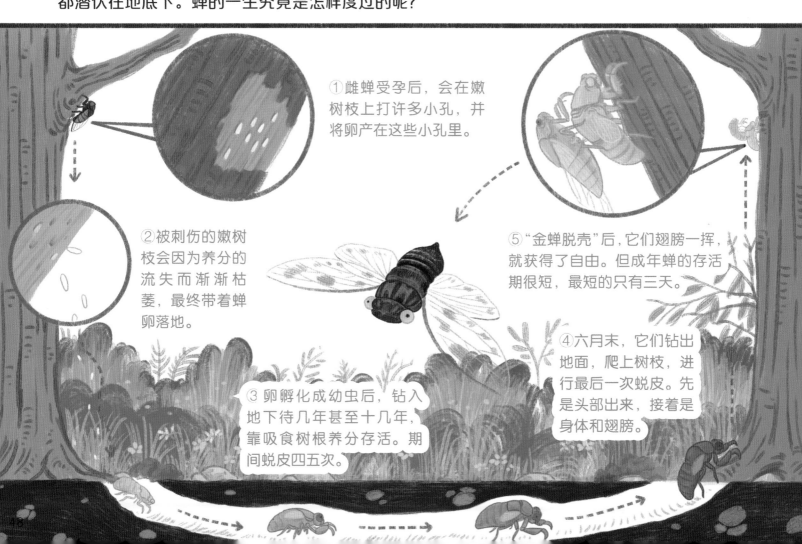

① 雌蝉受孕后，会在嫩树枝上打许多小孔，并将卵产在这些小孔里。

② 被刺伤的嫩树枝会因为养分的流失而渐渐枯萎，最终带着蝉卵落地。

③ 卵孵化成幼虫后，钻入地下待几年甚至十几年，靠吸食树根养分存活。期间蜕皮四五次。

④ 六月末，它们钻出地面，爬上树枝，进行最后一次蜕皮。先是头部出来，接着是身体和翅膀。

⑤ "金蝉脱壳"后，它们翅膀一挥，就获得了自由。但成年蝉的存活期很短，最短的只有三天。

● 夏天，你一定吃到了各式各样的新鲜瓜果，接下来我们就用这些瓜果，一起来制作一个

西瓜盆栽吧！你也可以发挥想象力制作其他趣味盆栽哦。

①在西瓜、猕猴桃果肉上，用模具刻出一些小花，然后取出；

②为每朵小花插上一根牙签，用蓝莓做花芯；（注意：牙签很尖，不要受伤哦！）

③再将这些小花插入西瓜盆内；

④在西瓜盆内撒上蓝莓当作花泥；

⑤点缀一些薄荷叶，美美的西瓜盆栽就做好啦！

夏天的旅行结束了，

凉爽的秋风吹来，

我们将迎来一个硕果累累的秋天！

图书在版编目（CIP）数据

跟着二十四节气去旅行．夏 / 孟娜著；孙强绘．——
北京：九州出版社，2021.5（2024.7 重印）
（和孩子们玩转中国文化）
ISBN 978-7-5108-8175-6

Ⅰ．①跟… Ⅱ．①孟… ②孙… Ⅲ．①二十四节气—
儿童读物 Ⅳ．① P462-49

中国版本图书馆 CIP 数据核字（2019）第 128518 号

和孩子们玩转中国文化

跟着二十四节气去旅行·秋

孟 娜·著 都一乐·绘

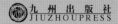
九州出版社
JIUZHOUPRESS

旅行日历

8月7-9日

立秋

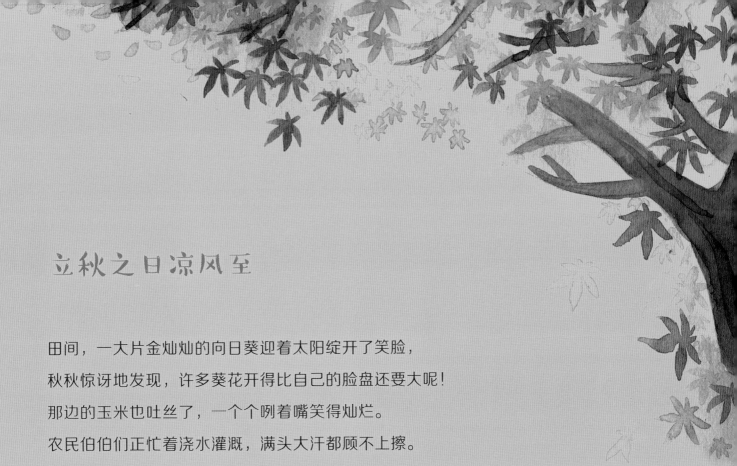

立秋之日凉风至

田间，一大片金灿灿的向日葵迎着太阳绽开了笑脸，
秋秋惊讶地发现，许多葵花开得比自己的脸盘还要大呢！
那边的玉米也吐丝了，一个个咧着嘴笑得灿烂。
农民伯伯们正忙着浇水灌溉，满头大汗都顾不上擦。

旅行地图

第13站

立秋

时间点 _____ 地点 _____ 温度 _____ 穿衣 _____

    立秋是秋季的第一个节气，预示着炎热的夏天即将过去，收获的季节就要到了。此时最热的"三伏天"还没有完，白天暑热仍在持续，人们管这种霸道的天气叫"秋老虎"，要谨防中暑。这一时节，农作物生长旺盛，大豆结荚、玉米吐丝、棉花结铃、水稻茁壮发育，农民伯伯们要抢在"秋老虎"离开之前，抓紧灌溉追肥，促进作物的生长。

人们把立秋节气的十五天分为三候，每一候是五天，分别是：一候凉风至，二候白露降，三候寒蝉鸣。

立秋 一候

凉风至

闷热的夏天就快要过去了，秋天的气息悄然而至，早上和晚间已经开始吹起丝丝凉爽的秋风了。

立秋 二候

白露降

进入二候，由于白天的日照还是很强烈，夜晚的凉风刮来形成一定的昼夜温差，清晨植物上凝结成了一颗颗晶莹的露珠。

立秋 三候

寒蝉鸣

到了三候，寒蝉开始扯着嗓子"知了、知了"地叫个不停。据说它们是因为感知到了秋寒之气，生命进入倒计时，因此才悲鸣不已。

立秋

月 日

拿出笔，请你填上日期吧！

妈妈，今天饭菜可真香！

吃西瓜"啃秋"

"秋老虎"的厉害谁不知道？为了对付它，汉族早有立秋之日吃西瓜"啃秋"的习俗。这不，秋秋跟着爷爷在瓜棚里吃起了甜甜的西瓜。一口两口，他觉得好像把"秋老虎"都吞进肚里了！

贴秋膘

吹着凉丝丝的秋风，秋秋胃口大开，开始吃各种美食，这是对"苦夏"的最佳补偿！妈妈说这叫"贴秋膘"。秋秋吃得小嘴儿油乎乎的，满足极了。

喏！在月亮上相聚！

6

七夕节

秋秋最喜欢牛郎织女的故事了。

传说牛郎和天上的仙子织女相爱了，两人结婚后生了一儿一女，生活十分美满幸福。后来天帝知道此事，命王母娘娘带织女回天庭。牛郎在老牛的帮助下，带着儿女追赶。要追上时，王母娘娘用金钗划出一道天河。

他们坚贞的爱情感动了喜鹊，喜鹊们在每年的七月初七用身体搭成鹊桥，让他们团聚。

梧桐落叶

立秋时节，梧桐树开始落叶，秋秋捡了两片大的悄悄夹在了书页中间，他要收集秋天里各种各样的落叶当标本，这是秋秋的小秘密哦！

知识宝藏

● 秋天到了，树叶陆续飘落了下来，大大小小，胖胖瘦瘦，多种多样。下面让我们来**连一连**，认识一下它们吧！

○ 银杏叶　○ 橡树叶　○ 枫树叶　○ 柳树叶　○ 杉树叶　○ 杨树叶　○ 梧桐树叶　○ 槐树叶

立秋

【宋】刘翰

乳鸦啼散玉屏空，

一枕新凉一扇风。

睡起秋色无觅处，

满阶梧桐月明中。

9

旅行日历

8月22-24日

处暑

谷到处暑黄，家家打稻忙

乡村的稻田好美啊！沉甸甸的稻穗一个个鼓着大肚皮，
随风翻起金色的波浪，仿佛正点着头向人们打招呼。
今年稻谷大丰收，农民伯伯笑开了花，他们把收割机开到田间，
风风火火地忙碌起来。孩子们跟在大人身后，捡拾掉落的稻穗。

时间点 _____ 地点 _____ 温度 _____ 穿衣 _____

处暑是秋季的第二个节气，"处"有终止的意思，"处暑"表示炎热的暑天即将终结，气温一天天下降，秋意渐浓。不过在南方地区，"秋老虎"仍要耍一阵子威风才会罢休。田野里，金风送爽，五谷飘香，农民伯伯将喜获丰收。这一时节，我国大部分地区降雨减少，农作物的蓄水工作要抓紧做好，以保障冬季作物的播种。

人们把处暑节气的十五天分为三候，每一候是五天，分别是：一候鹰乃祭鸟，二候天地始肃，三候禾乃登。

处暑 一候

鹰乃祭鸟

处暑一到，老鹰便开始大显身手，它们四处捕猎，据说还会先将捕获的猎物像祭品一般摆成一排，然后才美美地享用。

处暑 二候

天地始肃

进入二候，天地间渐渐弥漫起萧索的气息，万物开始凋零，就连人身上的骄躁之气都会慢慢收敛起来。

处暑 三候

禾乃登

到了三候，农田里迎来了大丰收，此时黍、稷、稻、粱类农作物都成熟了，沉甸甸的果实随时都可以收割了。

处暑

——月
——日

拿出笔，请你填上日期吧！

谷子

水稻

小米

高粱

大豆

五谷丰收

秋天是收获的季节，秋秋到农田里一看，感觉整个大地都在沸腾，因为五谷丰收啦！秋秋左看看右看看，发现有的粮食他还不认得呢，一起来认识认识我们赖以生存的粮食吧！

处暑见红枣

处暑时节，眼见着树上的枣子一天比一天红，秋秋早就等不及啦！爷爷一边念叨"一日食三枣，百岁不显老"，一边找来一根长长的杆子，在树枝间轻轻捣几下，哗啦啦——熟透的大红枣掉落一地，这下秋秋可解馋了。爷爷说，大枣是好东西，既好吃又有营养，还嘱咐秋秋给小伙伴们也送一些。

14

一盏、两盏、三盏……

多得数不过来了！

中元节

　　中元节到了，它和清明节一样，是祭奠先人的节日，也叫"鬼节"。在南方，有制作荷花灯祭祖的习俗。秋秋跟外婆学做了别致的荷花灯，晚上他们随着人潮一起，将点燃的荷花灯放进了小河，整条小河宛如星光闪烁的银河般美丽。

迎秋出游

　　秋高气爽的天气里，秋秋一家人来到远郊游玩，玩累了就躺在草地上看云卷云舒。俗话说"七月八月看巧云"，这话可真不假。望着朵朵白云，秋秋陷入了自己编织的秋日童话里。

知识宝藏

● 春天播种的玉米，到了秋天都长成了颗粒饱满、色泽金黄的胖娃娃。玉米的生长要经历什么样的过程呢？请你排列出正确的生长顺序吧！

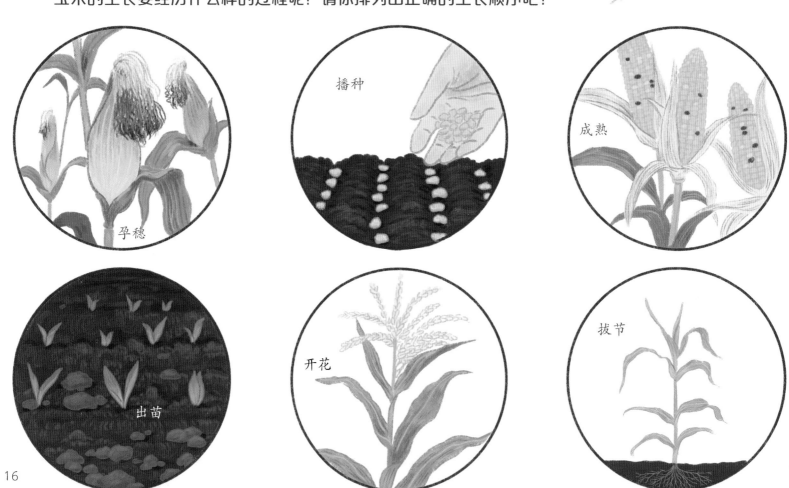

孕穗

播种

成熟

出苗

开花

拔节

● 秋天，许多水果都成熟了，它们都是属于秋天的味道。请你把秋天出现的 **水果** 画出来吧！

旅行日历

9月7-9日

白露

白露遍地金

白露时节，最美味的新疆葡萄丰收喽！

葡萄藤上一串串玛瑙般的绿葡萄，还有玫瑰般的紫葡萄，

看得人直吞口水。果农伯伯们忙着采摘装箱，

很快，全国各地的人们就都能吃上酸甜可口的新疆葡萄啦！

旅行地图

第15站

白露

时间点 _____ 地点 _____ 温度 _____ 穿衣 _____

白露时节，昼夜温差很大，天气真正转凉。夜晚，空气中的水汽遇冷后凝结成细小的水珠，附着在草木的叶子上；清晨，在阳光的照射下，水珠闪烁出晶莹洁白的光芒，所以有了"白露"的美称。此时高粱、谷子、棉花到了收获的季节，而萝卜、白菜、葱等蔬菜以及冬小麦却要开始播种了，这下农民伯伯们可有的忙了。

人们把白露节气的十五天分为三候，每一候是五天，分别是：一候鸿雁来，二候玄鸟归，三候群鸟养羞。

白露 一候

鸿雁来

白露一到，北方的天气就凉飕飕的了，怕冷的大雁开始集结同伴，浩浩荡荡地启程往南方迁徙。

白露 二候

玄鸟归

玄鸟就是身披黑色羽毛的燕子，到了二候，它们也加入了南飞的大军，要等到北方春暖花开之时才回来。

白露 三候

群鸟养羞

这个"羞"可不是害羞的意思哦，而是指美食。进入三候，留在北方生活的鸟儿们就开始储藏粮食了，不然冬天可就要饿肚子了。

白露

月

日

拿出笔，请你填上日期吧！

原来用桂花能做出这么多好吃的东西啊！

桂花飘香

"好香啊！"走在金秋九月的杭州城里，秋秋灵敏的小鼻子到处嗅着，然后停在了一棵好像长满了星星的树下。

原来香气是树上一簇簇淡黄色的小花散发出来的啊！妈妈说这是桂花，桂花清香怡人，可以做桂花糕、酿桂花蜜、炒桂花茶、酿桂花酒……这下秋秋满脑子都是桂花了。

冷空气初降临

一大清早，秋秋要看露珠，急得穿着短衣短裤就冲了出去，结果门外的冷空气冻得他直起鸡皮疙瘩。妈妈赶紧拿着外套追了出来，妈妈说现在气温下降得很快，正所谓"白露秋分夜，一夜凉一夜"，早晚不能再露胳膊露腿了。

呜呜！

栗子的刺扎到了我

采摘棉花

露珠在温暖的阳光下蒸发后，人们纷纷走进田间采摘棉花，秋秋也跑来凑热闹。听大人们说，睡觉用的被褥、冬天穿的棉衣都是用棉花制成的。秋秋把手塞进新摘的棉花堆里，嗯，还真是暖和呀！

白露时节板栗香

白露到，板栗成熟，街边的糖炒栗子店火热起来。新鲜的板栗在装有沙子的铁锅中翻啊、滚啊，扑鼻的香味惹得来往的行人都放慢了脚步。秋秋剥开油光滑亮的栗子皮，咬一口甜甜糯糯的果肉，嘿，那叫一个香！

晾晒葡萄干

秋天的吐鲁番葡萄沟，简直就是葡萄的王国！这次的全家旅行，秋秋大饱口福、大开眼界，不仅吃遍了各个品种的葡萄，还见识到了晾晒葡萄干的阴干房。用砖搭成的阴干房四面墙上有许多墙洞，中间是木棍搭成的支架把葡萄挂在里面晾晒，不久就变成好吃的葡萄干啦！

瞧！

棉花大丰收！

知识宝藏

● 秋天的落叶好美呀，让我们收集一些叶子，做一幅脑洞大开的树叶拓印画吧！

①找到纹理比较清晰的树叶。

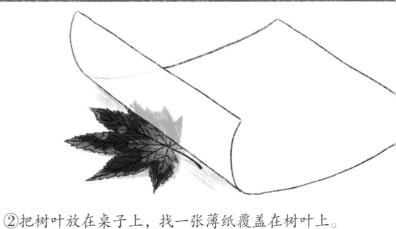

②把树叶放在桌子上，找一张薄纸覆盖在树叶上。

③在树叶被纸搭盖的位置，用一根蜡笔横着来回涂。

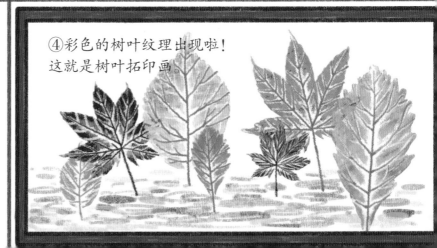

④彩色的树叶纹理出现啦！这就是树叶拓印画。

● 葡萄收获季，让我们准备好彩笔、剪刀，做一串甜甜的葡萄，一起庆祝丰收吧！

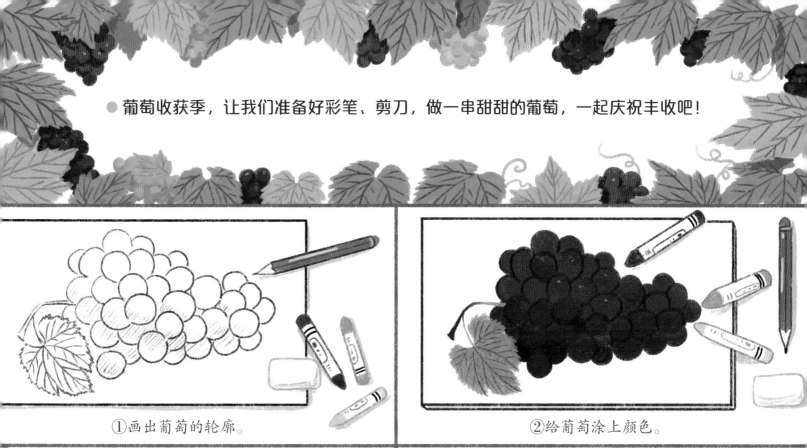

①画出葡萄的轮廓。

②给葡萄涂上颜色。

③用剪刀把这串葡萄剪下来。

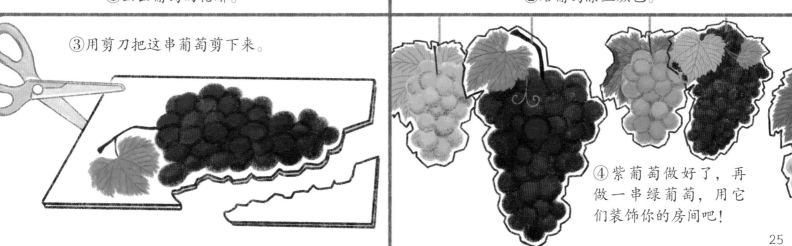

④紫葡萄做好了，再做一串绿葡萄，用它们装饰你的房间吧！

25

旅行日历

9月22—24日

秋分

秋收秋种闹纷纷

秋天的菜市场，那叫一个热闹。

花色多样的新鲜果蔬、五谷杂粮，排着队上市啦！

仿佛连叫卖声都是飘着香味儿呢。

和家人一起选购喜爱的美食回家，尝尝秋天的味道吧！

旅行地图
第16站
秋分

时间点 ＿＿＿＿＿　地点 ＿＿＿＿＿　温度 ＿＿＿＿＿　穿衣 ＿＿＿＿＿

秋分是秋天的第四个节气，它和春分一样，昼夜等长，但是过了这天，北半球的白天渐短，黑夜渐长。此时我国大部分地区的天气凉爽怡人，地面热量也开始快速散失，秋收、秋耕、秋种，"三秋"大忙。俗话说，"秋分无生田，不熟也得割"，晚稻、豆子要趁早收；油菜和冬小麦也要抢种，得充分利用越冬前的热量，培育秧苗。

人们把秋分节气的十五天分为三候，每一候是五天，分别是：一候雷始收声，二候蛰虫坯户，三候水始涸。

秋分 一候

雷始收声

古人认为，打雷是因为阳气盛，而秋分一到，阴气就渐渐旺盛起来，这时雷声就几乎听不到了。

秋分 二候

蛰虫坯户

进入二候，敏感的小虫子们冷得不出洞了，它们用细泥把洞口封住，蛰居起来准备着过冬了。

秋分 三候

水始涸

此时降雨量开始减少，天气越来越干燥，水分蒸发得越来越快，河流的水位不断下降，有些水洼或沼泽甚至会干涸。

秋分

——月

——日

拿出笔，请你填上日期吧！

中秋佳节，一家人在一起赏月！

中秋节

每年的八月十五是我国的传统佳节中秋节。因为这时是一年秋季的中期，所以称作仲秋，也叫中秋。传说中秋节是为了纪念嫦娥。在这一天人们祭月、赏月、拜月、吃月饼等。

赏月

中秋赏月是自古以来就有的习俗，寄托了人们对故乡、亲人的思念之情。秋秋望着皎洁的月亮出了神，他在想，远在南方的外公外婆，也能看到这轮又圆又大的月亮吗？

哇！香甜软糯的月饼

吃月饼

月饼是中秋节的特色食品，据说中秋节吃月饼的习俗开始于唐代。月饼的口味因地而异，有松脆的苏式月饼，精致的京式月饼，还有潮式、徽式等。而秋秋最喜欢的是广式的五仁月饼，皮薄馅大！

秋收

"夏忙半个月，秋忙四十天。"
喜欢在田间地头玩耍的秋秋，最近常
听到这句谚语。只见那边的高粱、玉米、稻
子在收割机下齐齐倒地，这边的豆子、向日葵
随着镰刀的挥舞成堆地垛起。秋秋和伙伴们正好奇
地围着一堆向日葵，研究葵花籽的妙用呢！

石榴大又甜，颗颗似水晶！

秋天丰收作物表 (一部分)				
粮食：	玉米	晚稻	高粱	
蔬菜：	南瓜	冬瓜	茄子	向日葵	黄豆
水果：	石榴	苹果	卷心菜	山药
		梨子	大枣	
			核桃	

梨子苹果熟透了

香瓜子

葵花籽油

秋燥喝梨汁

又到了天气干燥的深秋。每到这个
时节，不用人提醒，秋秋都会不由自
主地惦记起妈妈煮的香梨汁。因为
口鼻、喉咙、皮肤干燥的滋味实在
不好受！每天喝上一碗酸酸甜甜
的梨汁，秋秋觉得浑身上下都变
得舒服了许多。

我最爱喝梨汁了！

葡萄红透了

核桃香脆！

31

知识宝藏

● 小朋友们，你们仔细观察过月饼上的 图案 吗？有花朵、仙女、祥云等，很漂亮吧！让我们自己也来设计几块好看的月饼吧！

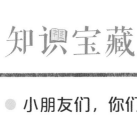

● 小松鼠为了更好地过冬，开始了存粮行动。可它今天走得太远，迷失了回家的路，小朋友，快帮帮它吧！

● 诗歌欣赏

静夜思

【唐】李白

床前明月光，
疑是地上霜。
举头望明月，
低头思故乡。

33

旅行日历

10月8-9日

寒 露

寒露菊芳，缕缕冷香

秋天是什么颜色的？去一趟秋天的山林，你就会有答案。

当凉凉的风吹起，漫山遍野的树木便悄悄换上了新衣，

金灿灿的银杏叶，红似火的枫树叶，常青的松柏叶，夹杂着各色的野果，

把大山渲染得五彩缤纷、如梦如画！

时间点 _____ 地点 _____ 温度 _____ 穿衣 _____

　　俗话说，"寒露寒露,遍地冷露",寒露是秋天的第五个节气,此时气温渐渐由凉爽转为寒冷,露水将要结霜。进入深秋,枫叶变黄、变红,菊花迎寒开放。此时"三秋"大忙仍在继续,农民们需加快秋收、秋种、秋耕的速度,收获的秋熟作物要及时脱粒、翻晒,种好的作物要抓紧追肥、灌溉,收割完的农田也要进行深翻土地的工作。

人们把寒露节气的十五天分为三候,每一候是五天,分别是:一候鸿雁来宾,二候雀入大水为蛤,三候菊有黄华。

寒露 一候

鸿雁来宾

从白露到寒露,大雁陆陆续续飞往南方过冬,那些早出发早到达的大雁,俨然一副主人翁的姿态,对待来晚的大雁就像对待宾客一样。

寒露 二候

雀入大水为蛤

天气越来越冷,平常四处蹦跶的鸟雀们渐渐没了影踪,古人以为它们是跳进水里变成了"蛤蜊",其实它们只是躲避起来准备过冬了。

寒露 三候

菊有黄华

进入深秋,大多草木都随着阳气的衰退而渐渐枯萎,然而菊花却迎着瑟瑟秋风绽开美丽的笑脸。

寒露

——月

——日

拿出笔，请你填上日期吧！

重阳节

　　我国农历九月初九是重阳节，也叫登高节。这不，一大早秋秋就跟着爷爷去爬山了。爷爷一边舒活筋骨，一边给秋秋讲重阳节的习俗，比如登高、插茱萸、饮菊花酒，秋秋听得津津有味。

　　登高归来，桌上已经摆好重阳糕、菊花茶和菊花酒。爸爸说，重阳节有敬老爱老的传统，所以也叫老人节，秋秋听了，主动为爷爷奶奶斟满了菊花酒。

爷爷，祝您身体健康！

菊花

〔唐〕元稹

秋丛绕舍似陶家，

遍绕篱边日渐斜。

不是花中偏爱菊，

此花开尽更无花。

菊花盛开

　　奶奶种的菊花开啦！有黄的、红的、粉的、白的、紫的……秋秋没想到，在百花凋零的季节，竟然能看到这么多姿多彩的花朵。

　　奶奶说，菊花代表吉祥、长寿，是花中四君子（梅、兰、竹、菊）之一，自古就有许多赞美菊花的诗篇呢！

秋天的树叶

进入深秋，秋秋的树叶标本种类越来越丰富了，有银杏叶、杨树叶、枫叶、黄栌叶，它们或金黄或透红，美丽极了！

风一吹，树叶纷纷掉落，随风飘舞的树叶叫孩子们兴奋不已！不过秋秋突然发起了呆，他在想，叶子究竟是怎么变色的呢？

树叶是怎么变色的？

原来，树叶中含有绿色的叶绿素，春夏时节，树叶里的叶绿素含量比其他色素要丰富得多，所以山林一片碧绿；到了秋天，白天时间变短，气温变低，树木停止制造大量的叶绿素，并且剩余的养分也会输送到树干和树根中储存，这样其他色素的颜色就会在叶子面上呈现出来，所以山林又变得一片金黄或一片火红了。

一片一片！真美呀！

秋天落叶纷纷！

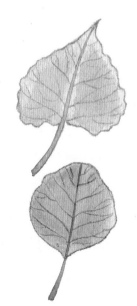

39

知识宝藏

● 秋天的树叶魔法，看看它们都变成了什么？让我们找几种不同颜色的树叶，做一些有趣的树叶**拼贴画**吧！

○ 树叶乌龟

○ 树叶猫头鹰

○ 树叶狐狸

○ 树叶金鱼

● 我们知道，许多水果里面都结有种子，请你仔细观察一下，为下面的果实找到对应的种子，然后连线。

旅行日历

10月23-24日

霜降

几时霜降几时冬

傍晚，秋秋看到天空中有一群候鸟，

整齐地排着人字形，在晚霞中徐徐飞过，好美好美。

是大雁吗？秋秋有点不确定。

不是的，妈妈说，那是丹顶鹤，它们也要去温暖的南方过冬了！

旅行地图
第18站
霜降

时间点 _____ 地点 _____ 温度 _____ 穿衣 _____

霜降是秋天的最后一个节气,此时气温继续下降,露水结成白霜。正所谓"霜降杀百草",被霜袭击过的草木都失去生机,渐渐停止生长,这标志着秋天即将结束,寒冷的冬天不远了。这一时节,北方的秋收工作到了最后阶段,萝卜、土豆、红薯、白菜等需要抓紧收取,不耐寒的农作物不再生长,而南方的"三秋"大忙还要持续一阵子。

人们把霜降节气的十五天分为三候,每一候是五天,分别是:一候豺乃祭兽,二候草木黄落,三候蛰虫咸俯。

霜降 一候

豺乃祭兽

秋天已近尾声,豺狼开始为过冬做准备,它们加紧猎食,储备的猎物看起来就像祭祀一样地陈列着。

霜降 二候

草木黄落

晚秋时节,越来越凉的风吹枯了草木,越来越重的霜催落了叶片,到处弥漫着萧索衰败的气息。

霜降 三候

蛰虫咸俯

到了三候,秋天就真的要结束了,眼看寒冷的冬季就要到来,小虫子们赶紧蜷缩进温暖的洞穴里,慢慢进入不吃也不动的冬眠状态。

霜降

————月

————日

拿出笔，请你填上日期吧！

霜是什么？

早上，秋秋发现外面的草叶上覆盖着一层像雪一样的东西，爸爸告诉他，那是霜。

当气温下降到零度以下时，近地面的水汽会凝结成白色冰晶附着在地面或植物上，这就是霜了。霜和雪长得有点像，但它们不一样！霜是在地表形成的，而雪是在高空形成的。

霜

雪

霜降吃柿子

秋天，被霜打过的草木黄的黄，落的落。看到树上小红灯笼似的柿子上都结了霜，秋秋担心它们也被霜打坏。爷爷却告诉他，被霜打过的柿子才甜呢！现在正是柿子的最佳成熟期，皮薄汁甜，吃不完还可以做成柿饼，这样冬天也能吃哦。

橘子营养又好吃

橘子熟了

秋秋喜欢的橘子也熟了，扒开它黄澄澄的外衣，掰一牙胖嘟嘟的橘瓣放到嘴里。嗯！酸酸甜甜的，真是怎么也吃不够。

橘子不但好吃，而且还浑身是宝呢！除了橘肉富含维C，营养丰富；橘络还有化痰止咳的功效，连橘皮晾干后都可以入中药呢！

挖土豆 拔萝卜

奶奶家的菜园子今天可热闹啦！爸爸和爷爷在那边挖土豆，妈妈和奶奶在这边拔胡萝卜，秋秋提着小铁锹也加入了拔萝卜行列，偷偷告诉你里面也有初秋时秋秋自己种的萝卜哦。

储备坚果过冬啦！

动物为过冬做准备

天气渐凉，小动物们可怎么办呢？秋秋不免有些担忧。爸爸告诉秋秋，小动物们也在为过冬做准备呢。

松鼠和一些鼠类忙着把松子、榛子之类的果实往家里搬运，这样整个冬天都不愁吃了！而青蛙和熊正抓紧时间把肚子吃圆，还要建造一个温暖的住所。

这个土豆是我自己种的！

地下是小动物们的家！

它们的果实长在地下！

47

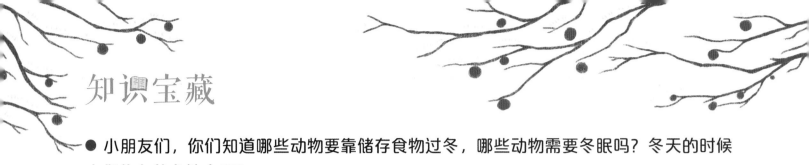

知识宝藏

● 小朋友们，你们知道哪些动物要靠储存食物过冬，哪些动物需要冬眠吗？冬天的时候它们住在什么地方呢？

● 秋天，蔬菜都陆陆续续收割了，你知道什么蔬菜的果实是长在地底下的吗？请把它们画出来吧！

秋天的旅行结束了，

雪花一片片飘落，

我们将迎来一个冰天雪地的冬天！

图书在版编目（CIP）数据

跟着二十四节气去旅行．秋 / 孟娜著；都一乐绘
．-- 北京：九州出版社，2021.5（2024.7 重印）
（和孩子们玩转中国文化）
ISBN 978-7-5108-8175-6

Ⅰ．①跟… Ⅱ．①孟… ②都… Ⅲ．①二十四节气—
儿童读物 Ⅳ．① P462-49

中国版本图书馆 CIP 数据核字（2019）第 128523 号

和孩子们玩转中国文化

跟着二十四节气去旅行·冬

孟娜·著 亚波·绘

九州出版社
JIUZHOUPRESS

蛰虫伏藏，动物冬眠

今天是立冬，
冬冬一家人围坐在家里包饺子、吃饺子，
顽皮的冬冬朝窗户哈了口气，在玻璃上画了个小太阳，
好像外面的寒风都没那么刺骨了。

时间点 _____ 地点 _____ 温度 _____ 穿衣 _____

立冬是冬季的第一个节气，"立"是开始的意思，代表着冬季自此开始；"冬"是终了的意思，表示农作物收割后要收藏起来。动物们准备蛰伏冬眠，植物都减缓了生长，秋天收获的农作物要收进粮仓。此时我国南方天气还算舒适，农民伯伯们要抢在温度大幅降低前，最后种上一茬冬小麦。

人们把立冬节气的十五天分为三候，每一候是五天，分别是：一候水始冰，二候地始冻，三候雉入大水为蜃。

立冬 一候

水始冰

立冬一到，地面上的水就开始凝结成薄薄的冰了，不过这些冰冻得还不是很牢固呢！有时候用手指头轻轻一戳就破碎了。

立冬 二候

地始冻

进入二候，天气比一候时又冷了一些，这时候土地表面开始慢慢地被寒霜所冻结，变得硬邦邦的。

立冬 三候

雉入大水为蜃

传说此时野鸡都藏进了大海，摇身一变成了大蛤。这怎么可能？原来这一时节野鸡蛰伏而大蛤大量繁殖，古人误以为是野鸡变成了大蛤。

植物如何过冬?

冬天到了，看到光溜溜的树木，冬冬替它们打冷颤。但是小朋友们不要担心哦，其实这是植物在休眠呢！落叶是为了降低能量消耗，把养分留给树根，来年春天温度回升时再生长。看来是冬冬多虑了。

动物们如何过冬?

冬冬喜欢的小动物也不见了踪影，原来它们都缩进了洞穴，有的靠事先储存的食物过冬，比如蚂蚁；有的干脆睡上一整个冬天，比如熊和刺猬。

小动物们也有各自的保暖战术！没有暖气，也能过冬！

蛇准备冬眠了！

蚂蚁们减少外出，抵抗严寒。

16

立冬吃倭瓜饺子

立冬有吃倭瓜饺子的风俗。倭瓜是夏天买的，放在小屋里或窗台上存着，经过长时间糖化，做饺子馅，蘸醋加烂蒜吃，别有一番风味。

热腾腾

取暖方式

外面越来越冷了，冬冬更愿意待在暖洋洋的屋子里。火炉、暖气、空调、暖炕，家家户户的取暖方式都不大一样。

出门时，冬冬会穿上厚厚的棉衣，裹得像个大熊一样。虽然不是很灵活，但暖和极了！

水面结冰

在北方刺骨的寒风刮起，水面也开始结冰了，此时的气温已经低于零度。辛亏冬冬裹得严实，不然要被冻成冰人啦！

结冰了！但是水下面还很暖和！

知识宝藏

● 小朋友们，冬天悄然地来了，在这一时节，你会看到什么呢？请在正确的
选项上打 √。

白茫茫的雪 ☐　　小河结了冰 ☐　　人们穿着短裤 ☐　　嘴里吐着白色哈气 ☐

● 小朋友们和我一起连连看，在寒冷的冬天，这些小动物是怎么过冬的呢？哪两种动物过冬的方式相同呢？

躲藏过冬   换毛过冬   冬眠过冬   迁徙过冬

蚂蚁

燕子

蛇

狗

蚯蚓

狐狸

丹顶鹤

9

旅行日历

11月22-23日

小雪

小雪雪满天，来年必丰年

小雪时节，人们盼望了许久的初雪终于来了，
孩子们纷纷来到银装素裹的白色世界，开心地一起玩耍。
什么树枝啦、小石子啦、围巾啦，都成了堆雪人的好材料，
孩子们玩得可真开心呀！

时间点 _____ 地点 _____ 温度 _____ 穿衣 _____

　　小雪是冬季的第二个节气，天空中开始飘下细细的雪花，被阳光一照就融化了，所以叫作小雪。此时强冷空气、寒潮等天气多了起来，大地一天比一天冻得厉害，人们开始忙起了防冻、保暖的工作。北方地区开始修剪树枝，储藏白菜；南方地区要防止霜冻的危害，保证麦苗安全越冬。

人们把小雪节气的十五天分为三候，每一候是五天，分别是：一候虹藏不见，二候天气上升，三候闭塞成冬 。

一候

虹藏不见

北方的这个时候，气温已经降到了零度以下，雨水都变成了雪花，雪后的空气中没有小水滴，太阳光当然就无法折射出美丽的彩虹啦！

小雪 二候

天气上升

进入二候，天空中的阳气向上升腾，地面的阴气向下坠降，导致天地阻隔不通，万物因此失去了生机。

三候

闭塞成冬

到了三候，天地万物已经是一派萧条的景象，严寒的冬天就此来临了，家家户户都紧闭门窗，减少了出行。

小雪

月

日

拿出笔，请你填上日期吧！

白菜豆腐汤，营养又好喝！

冷！

冬储大白菜

"小雪收白菜，不收要冻坏！"这句话是冬冬跟爷爷学来的。过去储存条件不好，所以每到小雪时节，爷爷都要把大白菜搬进地窖，以免受冻。这样整个冬天都能吃上鲜美的白菜炖豆腐啦！

寒流来袭

冷空气团从遥远的西伯利亚来到我国，吹起又冷又干的大风。"好冷啊！"冬冬的话刚一出口，就被大风旋卷着刮到了耳后。

终于下雪啦，出来玩雪吧！

初降雪

终于，冬冬盼来了这个冬天的第一场雪！雪花虽然稀稀落落的，可是没过多久，就在房屋和树枝上铺满了薄薄一层，雪花还顽皮地钻进了冬冬的脖子里、袖子里。和冬冬一样，孩子们一见到雪都高兴坏了——又可以堆雪人、打雪仗啦！

哇！
空气真好！

雪的秘密

爸爸说，雪是大气中的水蒸气直接凝化或水滴直接凝固而成的。它的基本形状是六角形，但世界上没有图案完全相同的两片雪花。冬冬不信，拿着放大镜观察起来——嘿！还真有着非常细微的差别呢！

❄雪花好漂亮呀！每一片都独一无二！

雪诞生记

1
地上水蒸发形成水蒸气。

2
水蒸气遇冷液化成小水滴或凝华成小冰晶。

3
云中的温度过低，小水滴结成冰晶。

4
气温足够低，冰晶落到地面仍是雪花时，就下雪了！

知识宝藏

● 小朋友们，下过雪后，我们出门都应该注意些什么呢？
请你把正确的做法勾选出来吧！

○ 外出玩耍时，不戴帽子、手套

○ 在雪后的路上奔跑打闹

○ 打雪仗时，故意往同伴的头上、脸上扔

○ 不随便到结冰的水面上玩耍

○ 不将冷手直接放进热水里，而是先搓搓手

小心！

● 下雪啦！孩子们像是神奇的魔术师一样，把洁白的雪变成了一个个顽皮的小雪人。请你也画一幅关于冬天的画吧！

旅行日历

12月7-8日

大雪

瑞雪兆丰年

大雪过后，树林里银装素裹，好像一个冰雪王国！

许多小动物都从巢穴里出来，不顾寒冷地玩上一会儿，

不一会儿，雪地上就留下了各种奇奇怪怪的脚印，

是谁来过了呢？

时间点 ＿＿＿＿＿ 地点 ＿＿＿＿＿ 温度 ＿＿＿＿＿ 穿衣 ＿＿＿＿＿

　　大雪是冬季的第三个节气，它和小雪、雨水、谷雨一样，都是反映降水的节气。不过雪大并不代表降水量大，事实上，大雪时节的气候是很干燥的。此时北方地区已是一派"千里冰封，万里雪飘"的景象了，俗话说"瑞雪兆丰年"，冬小麦盖着厚厚的雪被子休眠，预示着明年会有个好收成。

人们把大雪节气的十五天分为三候，每一候是五天，分别是：一候鹖鸥不鸣，二候虎始交，三候荔挺出 。

 一候

鹖鸥不鸣

大雪下了一场又一场，天气开始冷得不像话，就连素来以不怕冷著称的寒号鸟，都冻得叫不出来了。

 二候

虎始交

进入二候，老虎开始不安分起来。据说到了阴气最盛时，再往后就该阳气萌动了，敏感的老虎已经感知到了这一变化。

 三候

荔挺出

到了三候，植物界也有一位感知到了微弱的阳气，那就是兰草的一种——荔挺。它不顾冰雪严寒，开始抽出嫩嫩的新芽。

大雪

月
日

拿出笔，请你填上日期吧！

滑雪超刺激！

打雪仗 赏雪景

下雪了，
堆雪人真好玩！

　　鹅毛般的大雪下了整整一夜，外面宛如一个白茫茫、亮晶晶的冰雪王国。冬冬和小伙伴们早就按捺不住激动，冲出去玩雪啦！打雪仗、滚雪球、堆雪人、溜冰、滑雪……一点儿也不觉得冷！

滑冰很快乐！

打雪仗！

滚雪球！

爷爷，我买一个烤红薯！

冰糖葫芦 烤红薯

冬冬特别爱吃冰糖葫芦，一口咬碎冻硬的糖稀，再吃里面酸酸甜甜的山楂，真是美味啊！大冷天，再吃个香香甜甜、软软糯糯、热乎乎的烤红薯，冬冬就非常满足了。调皮的她有时还会把烤红薯当成捂手的暖宝宝呢！

雪松

冬冬早就听说过雪松，那是雪花降落时，附着于物体表面不断聚集形成的。不过当她亲眼见到结满树枝的毛绒绒的冰花时，还是十分惊讶——多像一株株巨大的白珊瑚啊！让人仿佛置身于美妙的童话世界。

知识宝藏

● 下了一夜的雪后，早晨的地面上布满了好多个小脚印和大脚印，是谁在雪地上走过了呢？走走看吧！

● 雪看上去很干净，可实际上却很脏，不信你仔细观察融化后的雪水就知道了。

   清水  雪水

○ 准备两个杯子，一个装清水，一个装雪。

○ 融化的雪水很浑浊，雪是不能吃的，吃了会拉肚子的。

● 诗歌欣赏

江雪

【唐】柳宗元

千山鸟飞绝，
万径人踪灭。
孤舟蓑笠翁，
独钓寒江雪。

25

旅行日历

12月21-23日

冬至

冬至如大年

今年冬天，冬冬一家人来到哈尔滨过冰雪节，
各种各样的冰灯、雪雕，真是让人大开眼界啊！
孩子们最爱玩冰雪滑梯和滑冰，虽然脸颊被冻得红扑扑的，
但是快乐让他们忘记了寒冷！

冰雪大世界

旅行地图
第22站
冬至

时间点 _____ 地点 _____ 温度 _____ 穿衣 _____

冬至是冬季的第四个节气，也叫"冬节""长至节"，是中国的一个传统节日，曾有"冬至大如年"的说法。这一天是全年中白天最短、夜晚最长的一天，天文学上，冬至才是冬天的开始。一过冬至，就是数九寒天了，对江南的冬作物来说，做好保温防冻的工作尤为重要。从冬至当天算起，每九天称为一个"九"，一直数完九个"九"，严寒的冬天就过完啦。

人们把冬至节气的十五天分为三候，每一候是五天，分别是：一候蚯蚓结，二候麋角解，三候水泉动。

冬至 一候

蚯蚓结

此时虽然阳气开始萌动，但阴气仍然很重。这不，土壤中的蚯蚓就冷得伸不直腰了呢！它们蜷曲着身子，与同伴互相缠绕着，彼此取暖。

冬至 二候

麋角解

到了二候，麋这种动物感受到了阴气的衰退，头上老化了的角开始自然脱落，不过新的角要到第二年夏天才会完全长出来。

冬至 三候

水泉动

进入三候，山间的泉水也因为感知到微弱的阳气而渐渐苏醒，开始缓缓地流动起来，但这并不代表天气回暖了。

冬至

——月

——日

拿出笔，请你填上日期吧！

1 准备食材

2 剁饺子馅

3 和饺子面

4 和饺子馅

祠宗氏李

跪得我腿都酸了！

冬至食俗

冬冬吃着热气腾腾的饺子，听爸爸讲起了各地的冬至食俗。原来，冬至吃饺子是北方的习惯，而湖南湖北一带比较流行吃赤豆糯米饭，江西是吃麻糍，安徽合肥吃冬至面，闽南地区吃汤圆……冬冬这顿饺子吃得可真长知识啊！

过冬节

"好想去古代过冬节呀！"冬冬为什么会有这样的念头呢？原来，古人们十分看重冬节，据说在唐代比过年还要隆重热闹呢！现在的冬节不像古代那样正式，大多以祈福为主。

30

6 包饺子

7 煮饺子

5 擀饺子皮

8 出锅吃饺子

九九歌

一九二九不出手，
三九四九冰上走，
五九六九沿河看柳，
七九河开，
八九雁来，
九九加一九，
耕牛遍地走。

冬至是第一天，九九
八十一天后，冬天就
到尽头了。

九九消寒图

冬冬学外公的样子在纸上画了九朵未染色的梅花，每朵梅花都有九个花瓣，从冬至这天开始，每过一天就涂红一个花瓣，这样等花瓣都涂完，就能迎来春暖花开的季节啦！外公说，这叫"九九消寒图"。

知识宝藏

● 小朋友们，下图中有两只小熊被困在了冰迷宫中，请你帮忙救救它们吧！沿着冰迷宫，你将看到关于冰的哪些**特性**呢？

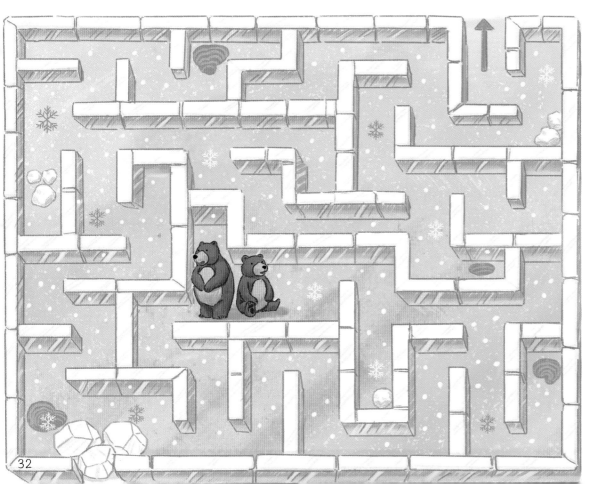

你知道冰是什么颜色、什么味道的吗？它的温度、触感又是怎样的呢？你可以去摸摸看、尝一尝，它无色、无味、凉凉的、透明又光滑、坚硬而易碎。

● 让我们来动手剪一剪，做出各种不同形状的**雪花**，然后把它们串起来，装饰你的房间吧！

① 把纸裁成正方形，沿对角线对折。

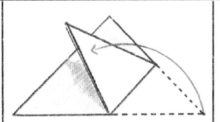

② 如图所示，将右边的角往左上折起。

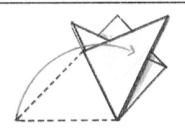

③ 同样，将左边的角往右上折起。

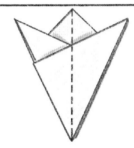

④ 把折好的纸再沿中线对折。

⑤ 在折好的纸上画出美丽的图案。

⑥ 剪下白色的部分，打开，一个漂亮的雪花就诞生了。

⑦ 按照上面的图案，还能做出更多的雪花剪纸呢！

33

旅行日历

1月5–7日

小寒

小寒大寒，欢喜过年

农村奶奶家的小院里，已经有了些年味儿，
一场大雪过后，小院儿就被冬冬和兄弟姐妹们占领了，
他们提着自制的灯笼，玩得热火朝天，
连大公鸡都出来看热闹呢！

时间点 _____ 地点 _____ 温度 _____ 穿衣 _____

　　冬至之后，就迎来了一年中最寒冷的节气——**小寒**。俗话说，"冷在三九"，最冷的"三九天"就处于小寒节气里，有"小寒胜大寒"的说法，此时会出现全年的最低温度，一定要做好保暖工作。小寒通常在农历的十二月份，也就是人们常说的腊月，这说明距离年关不远了。

人们把小寒节气的十五天分为三候，每一候是五天，分别是：一候雁北乡，二候鹊始巢，三候雉始鸣。

小寒 一候

雁北乡

小寒一到，在南方越冬的大雁们便感知到了阳气的萌发，开始迫不及待地朝着北方家乡的方向一点点地挪窝。

小寒 二候

鹊始巢

到了二候，连北方的喜鹊也感知到漫长的寒冬即将结束，开始在民宅附近高大的树干上，修建自己的新家，这大概要花上几个月的时间。

小寒 三候

雉始鸣

此时已经接近"四九"了，大地回暖的日子指日可待，野鸡们再也耐不住寂寞，欢快地鸣叫起来，这是它们在用美妙的歌声寻求伴侣呢！

小寒

——月

——日

拿出笔，请你填上日期吧！

腊八节

腊八节

农历腊月初八这天，家家户户都煮起了腊八粥，有的还腌上了腊八蒜。冬冬一家围坐在一起，带着对新年的祈盼，过了个暖和的腊八节。

好甜的腊八粥，

吃完好暖和！

腊八粥制作

把糯米、黄米、大米、红豆、红枣、百果、杏仁、瓜子等多种食材放在一起熬煮，香甜美味的腊八粥就大功告成啦！冬冬一口气吃了两碗，满足地直打饱嗝。

爷爷也吃上一碗。

熬一粥

桂圆

杏仁

红枣

栗子

糯米

花生

八蒜就饺子，过年标配！

过大年
民谣

小孩小孩你别馋，
过了腊八就是年。
腊八粥你喝几天，
哩哩啦啦二十三。
二十三，糖瓜粘；
二十四，扫房子；
二十五，做豆腐；
二十六，炸羊肉；
二十七，杀公鸡；
二十八，把面发；
二十九，蒸馒头；
三十晚上玩一宿；
大年初一扭一扭
……

腊八蒜制作

奶奶说，把蒜泡在醋罐里，封好，等它们变成翠绿色就可以吃了。奶奶还说，腊八蒜酸甜清脆，要留着过年吃饺子用。冬冬每天都盼着腊八蒜变颜色，盼着快点儿过年。

腊梅

早上，冬冬一出门，就闻到了满院子的香气，原来是爷爷种的腊梅开花了，爷爷说，腊梅在报春呢！在百花凋零的季节，腊梅冒着寒风瑞雪独自开放，真叫人佩服。不过，腊梅跟梅花可不是一回事哦，梅花多在大寒时节绽放。

知识宝藏

● 小朋友们，你们知道关于"腊八粥"的传说吗？快一起来看看下面的小故事吧！

明朝皇帝朱元璋。小时候在地主家做放牛娃，受到暴打，几天没有饭吃，后来他顺着老鼠洞挖到了许多粮豆，就用它们煮了一锅乱七八糟的粥，非常美味，那天正好是腊月初八。后来他做了皇帝，觉得不应该忘记以前的苦日子，便规定每年的腊月初八都要吃一碗腊八粥，久而久之，就形成了习俗。

这真是我吃过的最好吃的一顿饭！

● 和爸爸妈妈一起做一张腊八粥粘贴画吧！先画出做腊八粥所需食材，再把它们剪下来粘在下面的大青花瓷碗里。

旅行日历

1月20–21日

大寒

过了大寒，又是一年

在山东老家，冬冬跟着奶奶去赶集，集市上可真热闹呀！

这边有卖灯笼春联，炒货的；那边有冰糖葫芦……

冬冬眼睛都看花了！人们喜滋滋地挑选着年货，

尽管天气寒冷，但人们的脸上都洋溢着温暖的笑容。

44

旅行地图
第24站
大寒

时间点 _____ 地点 _____ 温度 _____ 穿衣 _____

　　大寒是二十四节气中的最后一个节气，也就是说，过完大寒，就会进入下一年的节气轮回了。大寒就是冷到了极点的意思，不过此时我国大部分地区并没有小寒时节冷，但仍是一派冰天雪地的景象。人们大都停止了劳作，养精蓄锐，准备迎接农历新年，整个大寒时节都充满了浓浓的年味儿，有的年份里，除夕就在大寒期间哦！

人们把大寒节气的十五天分为三候，每一候是五天，分别是：一候鸡始乳，二候征鸟厉疾，三候水泽腹坚。

大寒 一候

鸡始乳

大寒刚到，鸡妈妈们就纷纷开始孵化鸡宝宝了。因为新一年的第一个节气——立春就要到来了，那时候万物复苏，正是养育小鸡的好时节。

大寒 二候

征鸟厉疾

此时像老鹰这样的猛禽，为了补充能量、度过寒冬，变得格外机警和迅猛。它们一个个瞪大眼睛，在空中四处搜寻猎物，捕食能力极强。

大寒 三候

水泽腹坚

到了三候，河面已经冻得结结实实的了，连水中央的冰都冻得厚厚的。这样的河面上，常常萦绕着大人和孩子们的欢声笑语。

大寒

____月
____日

拿出笔，请你填上日期吧！

贴窗花： 奶奶剪的窗花可好看了，冬冬把它们贴在窗户上，家里一下子喜庆起来。

扫房： 为了除旧迎新，冬冬全家出动开始扫房，家里上上下下都要打扫干净，不放过任何角落。

过小年

"过小年喽！"冬冬开心得一蹦老高。爷爷告诉她，北方小年是腊月二十三，南方小年是腊月二十四，都有小年祭灶的习俗。

在民间，人们称灶神为"灶王爷"。传说，小年这天灶王爷要升天向玉皇大帝汇报一家功过，因此家家户户都很敬重他，会为他供奉许多好吃的，希望他在天上多说些好话，保佑来年大吉大利、五谷丰登。冬冬一听，也学爷爷虔诚地拜了起来。

小年就是一年的尾声了。

置办年货迎新年

快过年了，家家户户都忙着置办年货。什么糖果呀、炒货呀，还有青菜和米面都要储备齐全。可把冬冬馋坏了，但妈妈说要留着过年吃。

过年好热闹，又蒸包子又蒸肉。

圆宫降吉祥

位神

灶王爷，请保佑
我家团团圆圆大吉大

明年是什么年

真快呀！一年的尾声到来了，冬冬跟爸爸学会了中国传统的纪年方式——十二生肖，分别是：鼠、牛、虎、兔、龙、蛇、马、羊、猴、鸡、狗、猪。十二生肖轮流值班，明年轮到谁了呢？

自从知道了每个人都有自己的属相，冬冬一见到小朋友就要玩根据属相比年纪大小的游戏。

放寒假

大寒时节里，有冬冬和小朋友们最期盼的寒假。一家人欢欢喜喜地为过年做准备，比如大扫除、探亲访友、置办年货等，忙碌而又有意义。尽情享受一个快乐团圆的假期吧！

过年好好玩，好开心呀！

灶

上天言好事

知识宝藏

● 我们中国人有过年贴春联的习俗，小朋友们，请你们在右边对联的空白处写一副对联：

上联：

下联：

横批：

四季平安

天地和顺家添财

平安如意人多福

春联具有表达良好祝福的喜庆色彩，对联分为上联、下联和横批三个部分，让我们拿起毛笔，为自己的家写一副对联吧！

● 过年的时候，很多地方都有舞龙的习俗，今天我们就一起动手做一个**舞龙**作品吧！

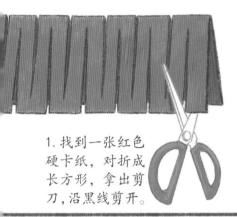

1. 找到一张红色硬卡纸，对折成长方形，拿出剪刀，沿黑线剪开。

2. 按图中所示，画出龙头，并为它涂上你喜欢的颜色。

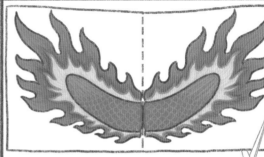

3. 按图中所示，画出龙尾，并为它涂上你喜欢的颜色。

4. 把完成的龙头和龙尾对折粘在两根小长棍上，并把三部分粘在一起。

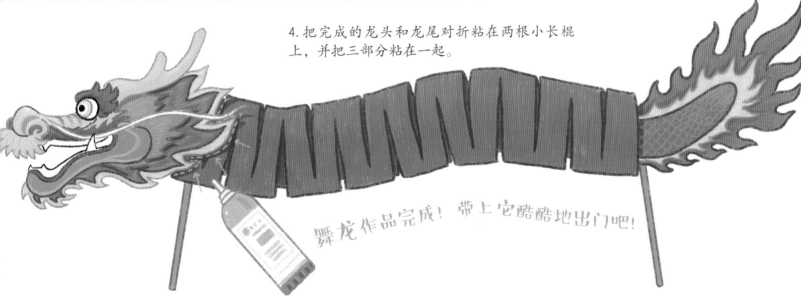

舞龙作品完成！带上它酷酷地出门吧！

冬天的旅行结束了，

冰雪慢慢融化，

我们一起等待春姑娘的到来！

图书在版编目（CIP）数据

跟着二十四节气去旅行．冬 / 孟娜著；亚波绘．--
北京：九州出版社，2021.5（2024.7重印）
（和孩子们玩转中国文化）
ISBN 978-7-5108-8175-6

Ⅰ．①跟… Ⅱ．①孟… ②亚… Ⅲ．①二十四节气—
儿童读物 Ⅳ．① P462-49

中国版本图书馆 CIP 数据核字（2019）第 128521 号